|家政服务从业人员技能培训系列教材|

JIAWU ZHULI YUAN

(ZHONGJI JINENG)

家务助理员

（中级技能）

阮美飞　陈　延 ◎主　编

唐小茜　杨立锋 ◎副主编

家务助理员
编委会

主　　编　阮美飞　陈　延

副 主 编　唐小茜　杨立锋

编　　者　（以姓氏笔画为序）

王变云（宁波卫生职业技术学院）

庄庆国（宁波卫生职业技术学院）

刘园园（宁波卫生职业技术学院）

刘劲松（宁波市甬江职业高级中学）

刘效壮（宁波卫生职业技术学院）

杨菊林（宁波卫生职业技术学院）

项　倩（宁波卫生职业技术学院）

徐　萍（宁波卫生职业技术学院）

崔　杨（宁波卫生职业技术学院）

摄　　影　林泽琼（宁波卫生职业技术学院）

前　　言

根据《国务院办公厅关于发展家庭服务业的指导意见》(国办发〔2010〕43号)文件精神,为大力发展宁波市家庭服务业,提高家庭服务从业人员职业技能与素养,在宁波市商务委员会和宁波市家庭服务业协会的委托下,宁波卫生职业技术学院与宁波家政学院精心组织专家,开发建设“家务助理员职业培训”教材(包括人文知识、初级技能、中级技能、高级技能一套共四册),并建立了科学、统一、完整的家务助理员培训考核标准体系,为从事家务助理工作的人员提供了规范、系统的技术指导,为宁波市及其他地区的相关行业、培训机构提供了教学考核依据,为家政行业的人才培养做出了积极贡献。

国家人力资源和社会保障部把根据要求为所服务的家庭操持家务,照顾儿童、老人、病人,管理家庭有关事务的人员统称为家政服务员。然而,随着社会分工的精细化,家政服务员在实际工作中已呈现服务对象的多样化、服务内容的专业化、服务性质特定化的趋势。根据2010年年底颁布实施的宁波市地方标准和普通家庭家政服务需求,我们把家政服务员工作细化为母婴护理、幼儿照护、病患陪护、养老护理、家务助理和家庭保洁六个工种。鉴于养老护理员已经有国家职业标准和职业培训教材,作为其中一个工种的家务助理员培训教材应势编撰,我们希望为家政服务的学术研究与消费引导开展先期探索做出贡献。

本培训教材以家务助理员培训规范为依据,与商务委及宁波市家政服务行业标准相匹配,把家务助理员定位为为雇主提供人员照护以外的家庭事务操作或管理服务的人员。本教材根据人才培养培训的特点,考虑从业人员的文化层次等实际水平,在人文知识上突出“职业素养与现实案例”相结合,在技术标准上突出“技能素质与上岗资质”相结合,在内容安排上突出“业务分类与产业发展”相结合,在语言表述上突出"通俗易懂与图文并茂"相结合的原则，以适应家政服务人才在行业和培训机构开展培训的需求为准则，推动从业者的技术规范化和技术标准化。此外，本教材还注重反映行业发展的新知识、新理念、新方法和新技术，力求提高教材的先进性。

本教材由宁波家政学院、宁波卫生职业技术学院和宁波市甬江高级职业中学等单位的专家、学者、专业教师集体编撰而成。本教材在编写过程中参考了有关的著作、论文、网站的资料、图片，因篇幅所限，除所列出的主要参考文献外，恕不一一列举，在此一并表示感谢。市场是检验教材的唯一标准，恳请各位读者提出宝贵意见与建议。

目　录

第一章　家庭烹饪与营养

第一节　健康与膳食

学习单元一　食物健康理念及基本常识

1. 了解膳食结构的类型
2. 掌握地中海膳食结构

一、地中海膳食结构模式

1. 食用水果、蔬菜、薯类、谷类、豆类、果仁等植物性食物
2. 以新鲜、当季、当地产的食物为主，每天吃奶制品，餐后吃新鲜水果
3. 食用油用橄榄油，每周控制甜食摄入量
4. 每周吃适量鱼、禽、蛋，每月吃少量猪、牛、羊肉
5. 适量葡萄酒

这种膳食结构可降低心脑血管疾病发生的风险。

二、经济发达国家的膳食结构模式

经济发达国家的膳食结构模式是高能量、高脂肪、高蛋白的营养过剩类型。这种膳食结构易引起肥胖病、高血压、冠心病和糖尿病等疾病。

三、日本的膳食结构模式

日本的膳食结构模式中动、植物食物平衡，结构比较合理，包括优质蛋白质（如海产

品），低脂肪食物，以及丰富的新鲜蔬菜和水果。其食谱可以用“123456”概括，包括一份水果、二份蔬菜、三勺油、四两饭、五份优质蛋白（包括一份瘦肉、一份鱼类、一份豆腐、一个鸡蛋、250mL 牛奶）、六杯水。

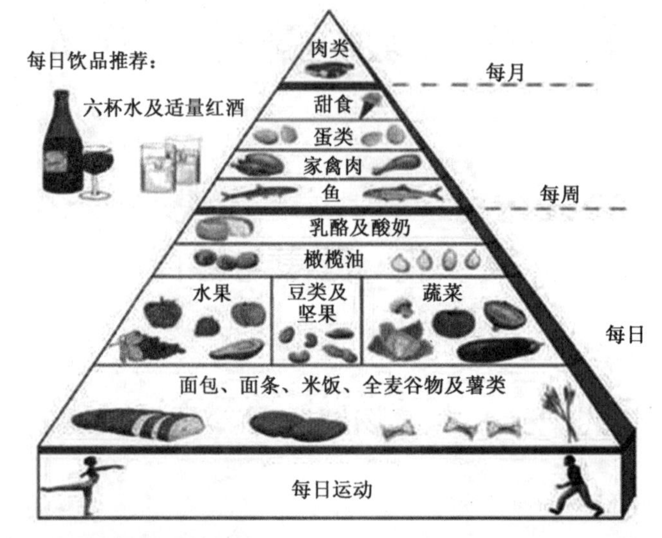

四、东方的膳食结构模式

东方的膳食结构模式是以植物性食品为主、动物性食品为辅的膳食结构。营养缺乏病是这些国家人群的主要问题，但这样的膳食结构有利于冠心病和高脂血症的预防。

优点：粗粮和蔬菜摄入丰富，使得人们摄入了大量的膳食纤维，而豆及豆制品的摄入，可补充部分优质蛋白和钙。

缺点：奶及奶制品摄入不足，缺乏优质蛋白（如牛肉、羊肉、鱼）。

学习单元二　膳食常识

学习目标

了解膳食结构的基本原则

膳食结构应注意保证营养平衡。

1. 食物多样，谷类为主，粗细搭配

主食要注意大米与面粉、细粮与粗杂粮、谷类与薯类的搭配，副食则要注意荤素搭配。主副食混合、粮食与菜类搭配，是常见的配餐方式，如菜饭、炒饭、包子、饺子、馅饼、面条、米粉等。饮食应按照“五谷为养、五畜为益、五果为助、五菜为充”的原则。五谷包括稻、麦、玉米（包括黄米）、高粱、豆类，泛指各种五谷杂粮；五果包括大枣、李子、栗子、杏、桃，泛指各种水果；五畜包括牛、狗、猪、羊、鸡，泛指各种肉类；五菜包括根、茎、叶、花、果，泛指各种蔬菜。每日膳食中选用的食物品种应多样化，尽量达到五大类、十八种以上，其中包括三类粮食类食物，三类动物性食物，六类蔬菜和菌藻类，两种水果类食物，两种大豆及豆制品，三种食用植物油。

2. 每天吃奶类、大豆或豆制品

建议每人每天平均饮奶 300mL，大豆或相当量的豆制品 30～50g。

3. 常吃适量的鱼、禽、蛋和瘦肉

应适当多吃鱼、禽、蛋，减少猪肉摄入。动物性食物和大豆蛋白质应占总量的 40%以上，最低不少于 30%。

4. 多吃蔬菜、水果和薯类，减少烹调油用量

建议吃清淡少盐膳食，不要太油腻，不要太咸，不要摄食过多的动物性食物以及油炸、烟熏和腌制食物。

5. 三餐分配要合理，零食要适当

一日三餐能量分配合理，通常午餐应占全天总能量的 40%，早、晚餐各占 30%；或者早餐 25%～30%、晚餐占 30%～35%。提倡每日四餐：一种是上午加餐，对上午工作时间较长的人，或青少年处于发育阶段，加餐可于早、中餐之间，即课间餐；另一种是

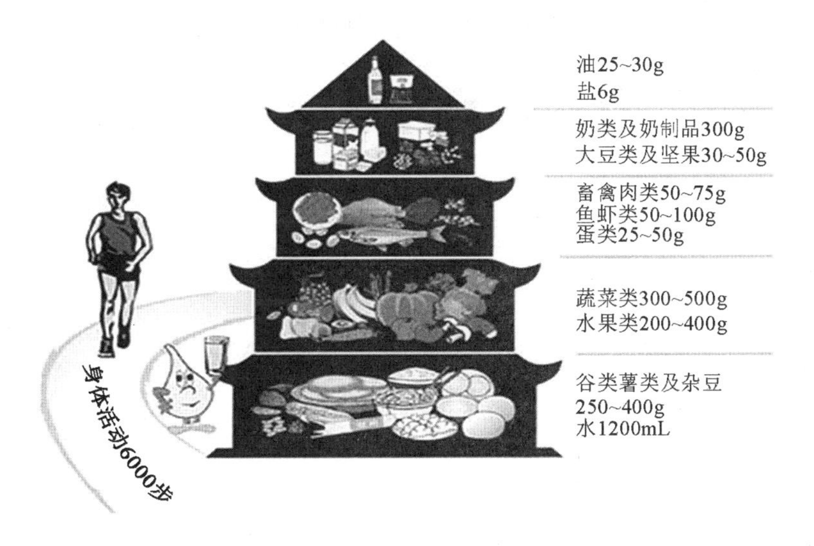

晚间加餐，对晚间连续工作或学习3～4小时以上，或者工作后睡眠时已距晚餐5～6小时，则需增加夜宵。

6. 食不过量，天天运动，保持健康体重

7. 每天足量饮水，合理选择饮料

饮水应少量多次，要主动，不要感到口渴时再喝水。饮水最好选择白开水。

8. 饮酒应限量

尽可能饮用低度酒，建议成年男性一天饮用酒的酒精量不超过25g，成年女性一天饮用酒的酒精量不超过15g。孕妇、儿童和青少年应忌酒。

第二节　能量及营养素

学习单元一　能量

了解健康成年人的能量计算方法

健康成年人的能量计算方法如下。

1. 全天总能量的计算

总能量(kcal)＝理想体重×每日每千克体重热能需要量

理想体重简易计算公式：理想体重(kg)＝身高(cm)－105

2. 能量计算举例

成人，身高173cm，体重60kg，计算其一天所需能量。

理想体重(kg)＝173－105＝68

总能量(kcal)＝68×(35～40)＝2380～2720，取中间值2600kcal

200kcal当量食物：

黄油28g，巧克力41g，棒棒糖68g，炸薯条73g，意大利面145g，甜玉米308g，香蜜瓜533g，可口可乐496mL，全脂牛奶333mL，鸡蛋150g，全麦面包90g，热狗66g，花生34g，芹菜1425g，猕猴桃328g，低脂酸奶196g，鸡肉三明治72g，小熊软糖51g，洋葱475g，番茄226g，切片熏肉204g，蓝莓松饼72g，西兰花588g，葡萄290g，香梨385g，胡萝卜570g，苹果385g。

食物热量对照表

主食类 名称	热量 (大卡)/(克)	水果类 名称	热量 (大卡)/(克)	豆制品类 名称	热量 (大卡)/(克)	肉类 名称	热量 (大卡)/(克)	蔬菜类 名称	热量 (大卡)/(克)	海鲜类 名称	热量 (大卡)/(克)	饮料类 名称	热量 (大卡)/(克)
方便面	472/100	桂圆	320/100	油炸豆腐	489/100	猪肉（肥）	816/100	毛豆	123/100	蟹黄	660/100	啤酒	400/1L
面条	280/100	榴莲	147/100	腐竹	400/100	猪肉（瘦）	349/100	土豆	76/100	烤鱿鱼	313/100	58° 白酒	352/100
馒头	233/100	鲜枣	122/100	卤豆腐干	336/100	羊肉	293/100	藕	70/100	海参	262/100	可乐	193/100ml
米饭	114/100	猕猴桃	56/100	豆腐	57/100	土鸡	124/100	西红柿	19/100	草鱼	112/100	脱脂酸奶	57/100
大米粥	70/100	苹果	56/100	豆浆	13/100	牛肉	106/100	黄瓜	15/100	明虾	85/100	柠檬水	26/100
小米粥	46/100	草莓	35/100	豆腐脑	10/100	兔肉	102/100	冬瓜	12/100	鲜贝	77/100	无糖咖啡	5/100

学习单元二　三大宏量营养素

学习目标

了解蛋白质、脂肪、碳水化合物的缺乏症及食物来源

知识要求

一、蛋白质

(一) 能量

每克蛋白质在体内可产生 4kcal 的能量

(二) 蛋白质—能量营养不良症

蛋白质—能量营养不良症有两种。一种指能量摄入基本满足而蛋白质严重不足的儿童营养性疾病，主要表现为腹腿部水肿，虚弱，表情淡漠，生长滞缓，头发变色、变脆和

易脱落，易感染其他疾病等；另一种指蛋白质和能量摄入均严重不足的儿童营养性疾病，患儿消瘦无力，易因感染其他疾病而死亡。

(三) 蛋白质的摄入量和食物来源

1. 摄入量

蛋白质摄入量应占成人膳食总能量的10%～12%，儿童和青少年应为12%～14%。

2. 食物来源

主要包括动物性食物，如各种肉类、乳类、蛋类等，植物性食物如大豆、谷类、花生等。动物性蛋白质质量好，利用率高；植物蛋白质利用率低，因此要注意蛋白质互补。

一把蔬菜一把豆，一个鸡蛋加点肉

二、脂类

(一) 能量

每克脂肪在体内氧化可产生9kcal的能量。

其危害：不具有必需脂肪酸的活性和对脂蛋白的作用；增加心血管疾病发生的风险；可能诱发肿瘤和Ⅱ型糖尿病等。人造奶油、蛋糕、饼干、油炸食品和花生酱等是反式脂肪酸的主要来源。

(二) 脂肪的摄入量和食物来源

1. 摄入量

我国营养学家建议，居民每日膳食中脂肪的适宜摄入量与总能量的比例为成年人在20%～30%，儿童和少年为25%～30%。胆固醇摄入量每天不超过300mg。

2. 食物来源

膳食脂肪的主要来源是烹调油和各种食物本身所含的油脂。动物脂肪组织和肉类主要含饱和脂肪酸和单不饱和脂肪酸（海生动物和鱼例外），胆固醇含量较多。植物油（种子）主要含不饱和脂肪酸（椰子油、棕榈油例外）。亚油酸普遍存在于植物油中，α-亚麻酸在豆油和紫苏籽油、亚麻籽油中较多。鱼贝类含EPA和DHA较多。磷脂含量较多的食物为蛋黄、肝脏、大豆、麦胚和花生等。胆固醇丰富的食物是动物脑、肝、肾等内脏和蛋类，肉类和奶类也含有一定量的胆固醇。

食用油

深海鱼油

亚麻籽油

三、碳水化合物

(一) 能量

每克碳水化合物可产生能量 4kcal。

(二) 膳食纤维的作用

膳食纤维的良好来源，具有促进肠道蠕动、减少便秘、控制体重和减肥、降低血糖和血胆固醇、预防结肠癌的作用。

(三) 碳水化合物的摄入量和食物来源

(1) 碳水化合物类在膳食总能量中所占的比例应以 55%～65% 为宜，其中精制糖占总能量的 10% 以下。美国食品与药品监督管理局提倡每人每天摄入膳食纤维 25g。

(2) 来源：糖类主要来源是谷类、薯类、豆类、坚果类。它们都含有丰富的淀粉。

(3) 膳食纤维的来源：含量丰富的是蔬菜、水果、粗粮、杂粮和干豆类。

谷类

学习单元三　维生素和矿物质

学习目标

1. 了解维生素 A、维生素 D、维生素 C(抗坏血酸)、维生素 B_1(硫胺素)、维生素 B_2(核黄素)知识

2. 了解叶酸知识

3. 了解钙知识

4. 了解铁知识

一、维生素 A

(一) 维生素 A 缺乏的危害

适应黑暗的能力下降(最早症状)，严重者可致夜盲症。

(二) 维生素A过量的危害

急性毒性：早期症状为恶心、呕吐、头痛、眩晕。当剂量更大时，会出现嗜睡、厌食、少动、反复呕吐等症状。

慢性毒性：头痛、食欲降低、脱发、肝大、长骨末端外周部分疼痛、肌肉疼痛和僵硬、皮肤干燥瘙痒、复视、出血、呕吐和昏迷等。

(三) 维生素A的食物来源

最好的来源是各种动物肝脏、鱼肝油、鱼卵、全奶、奶油、禽蛋等。富含类胡萝卜素的包括深绿色或红黄色的蔬菜和水果。

二、维生素D

(一) 维生素D缺乏症的危害

佝偻病、骨质软化症、骨质疏松症、手足痉挛症。

(二) 维生素D过量的危害

食欲不振、体重减轻，严重的维生素D中毒可导致死亡。

(三) 维生素D的食物来源

主要存在于海水鱼(如沙丁鱼)、肝、蛋黄等动物性食品及鱼肝油制剂中，人奶和牛奶是维生素D较差的来源。

三、维生素C(抗坏血酸)

(一) 维生素C缺乏的危害

维生素C缺乏可引起坏血病，表现为牙龈肿胀、出血。

(二) 维生素C过量的危害

长期服用维生素C会出现草酸尿形成泌尿道结石。

(三) 维生素C的食物来源

维生素C主要来源于是新鲜蔬菜和水果，如豌豆苗、韭菜、辣椒、油菜、花菜、苦瓜等深色蔬菜；水果中以柑、橘、橙、柚、柿、枣、草莓含量丰富，而苹果和梨含量很少；猕猴桃、刺梨、酸枣等不仅维生素C含量丰富，而且含大量类黄酮。

四、维生素B_1(硫胺素)

(一) 维生素B_1缺乏的危害

缺乏维生素B_1时易患脚气病。

(二) 维生素B_1的食物来源

维生素B_1广泛存在于天然食物中，含量丰富的食物有谷类、豆类及干果类，动物内脏(肝、心、肾)、瘦肉、禽蛋中含量也较多。

五、维生素 B_2(核黄素)

(一) 维生素 B_2 缺乏的危害

主要的临床表现为眼、口腔和皮肤的炎症反应。眼部炎症症状包括睑缘炎、视物模糊和流泪等。口腔炎症包括口角炎、唇炎、舌炎、地图舌。皮肤的炎症包括脂溢性皮炎。

(二) 维生素 B_2 的食物来源

维生素 B_2 广泛存在于动植物食品中,动物性食品较植物性食品含量高。动物肝脏、肾脏、心脏、乳汁及蛋类含量尤为丰富,植物性食品以绿色蔬菜、豆类含量较高,谷类含量较少。

六、叶酸

(一) 叶酸缺乏的危害

对孕妇和胎儿有影响。

(二) 叶酸过量的危害

大剂量服用叶酸会中毒。

(三) 叶酸的食物来源

叶酸广泛存在于动植物食品中,其良好的食物来源有肝脏、肾脏、蛋、梨、蚕豆、芹菜、花椰菜、莴苣、柑橘、香蕉及其他坚果类。

七、钙

(一) 钙缺乏的危害

人群中钙的缺乏比较普遍。长期缺乏钙和维生素 D 会导致儿童生长发育迟缓、骨软化,严重者可导致佝偻病;中老年人易患骨质疏松症。钙的缺乏也易患龋齿。

(二) 钙过量的危害

过量钙会增加肾结石危险。

(三) 钙的食物来源

乳和乳制品中的钙含量和吸收率均较高,是人体理想的钙源。小虾皮、海带、豆类、芝麻酱和绿色蔬菜含钙也很丰富(见表 1-1)。

表 1－1　钙含量较高的食物 (mg/100g)

名称	含量	名称	含量	名称	含量
虾皮	991	苜蓿	713	酸枣棘	435
虾米	555	荠菜	294	花生仁	284
河虾	325	苋菜	187	紫菜	264
泥鳅	299	乌塌菜	186	海带(湿)	241
红螺	24	油菜薹	156	黑木耳	247
河蚌	10	雪里蕻	230	全脂牛乳粉	676
鲜海参	285	黑芝麻	780	酸奶	118

八、铁

(一) 铁缺乏的危害

铁缺乏会导致贫血，引起如头晕、气短、心悸、乏力、注意力不集中、脸色苍白等症状。

(二) 铁的来源

动物血、肝脏、鸡胗、牛肾、大豆、黑木耳、芝麻酱是铁的丰富来源；瘦肉、红糖、蛋黄、猪肾和干果是铁的良好来源；鱼类、谷物、菠菜、扁豆、豌豆和芥菜是铁的一般来源(见表 1－2)。

表 1－2　铁含量较高的食物 (mg/100g)

名称	含量	名称	含量	名称	含量
海带	150.0	燕麦片	3.8	藕粉	41.8
鸡血	25.0	黄豆	11.0	黑芝麻	22.7
豆腐	1.4	虾米	6.7	鸡蛋黄	7.0
鸭肝	23.1	紫菜	33.2	木耳	185.0
猪肝	22.6	红蘑	235.1	冬菜	11.4
蚌肉	50.0	芝麻酱	58.0	鸡腿	6.6

第三节　食品营养标签与安全食品

学习单元一　食物营养标签

1. 了解什么是食物营养标签

2. 了解食物营养标签的作用
3. 了解食物营养标签的应用

对于消费者而言，需要算算自己应该吃多少，再决定吃什么，怎么吃，怎么搭配，看懂营养标签是第一步。一包普普通通的饼干，它的能量和脂肪含量却比一顿普通饭要高得多。食品营养标签上包含“4＋1”的强制标识，“4”是指核心营养素，即蛋白质、脂肪、碳水化合物和钠的含量；“1”是指能量。食品营养标签上 NRV％（营养素参考值占百分比）表示食品中所含的营养成分及能量占一天参考摄入量的百分比。简单地说，每 100g 或 100mL 食品中，含有多少蛋白质、脂肪、碳水化合物、钠及能量，其为消费者选购食品时提供一种营养参照尺度，以保证一天的总能量和钠等不超标。

一、营养标签

营养标签是预包装食品标签上向消费者提供食品营养信息和特性的说明，包括营养成分表、营养声称和营养成分功能声称。营养标签是预包装食品标签的一部分。

营养成分表

项目	每100g	NRV%
能量	1221kJ	14%
蛋白质	11.0g	18%
脂肪	5.2g	9%
碳水化合物	48.9g	16%
钠	1200mg	60%

营养成分表

项目	每100克（g）	NRV%
能量	2301千焦（kJ）	27%
蛋白质	6.7克（g）	11%
脂肪	34.7克（g）	58%
-饱和脂肪	21.8克（g）	109%
碳水化合物	55.7克（g）	19%
钠	83毫克（mg）	4%

二、营养标签的作用

1. 指导消费者平衡膳食
2. 满足消费者知情权
3. 促进食品贸易

三、营养素参考值 NRV

NRV 是一组专门用于营养标签的参考值，表示一天摄入 8400kJ 能量时应满足的营养素需要量，和参考 NRV 相比，可以更简单、明了地帮助消费者比较食品的营养特性，并指导全天饮食。

四、营养摄入计算

根据食物营养成分和摄入量，以及占营养素参考值的百分比，可以用计算器算出摄入的能量。

学习单元二　食物营养强化

1. 了解什么是营养强化
2. 了解营养强化的食品种类

一、营养强化食品

在天然食品中，没有一种食品可以满足人体对各种营养素的需要，食品在储运、加工和烹调等过程中还往往会造成某些营养素的损失。为了满足不同人群合理营养的需要，达到膳食营养平衡的目的，在食品储运、加工、烹调中不仅要尽可能防止或减少营养素的损失，而且还应根据不同消费人群的营养需求，采用科学方法在加工食品过程中添加某些营养素，以提高食品的营养价值。这种按规定加入一定量食品营养强化剂的食品，就称为强化食品。

食品营养强化的目的主要有以下几个方面：向食品中添加天然含量不足的营养素；补充食品在加工、贮藏等过程中损失的营养素；使一种食品尽可能满足不同人群全面的营养素需要；向原来不含某种营养素的食品中添加该种营养素。

食品的营养强化是提高膳食营养质量、改善人们营养状况的有效途径之一，在预防营养缺乏病、保障人体健康、满足特殊人群的营养需要、提高食品的感官质量和改善食品的保藏性能等方面均有积极意义。由于不同地区的水土问题、饮食习惯不同、食品在加工过程中损失等原因，造成人们某些微量营养素摄入量不足，特别是碘缺乏、铁缺乏和维生素 A 缺乏比较普遍，严重影响了人民的身体素质，所以以大众食品如食盐、酱油、面粉、食用油等作为载体，在其中添加碘、维生素 A、铁、锌、钙等微量元素是改善公众营养的有效措施。

二、营养强化食品的种类

(一) 谷类及其制品

包括免淘洗大米、面粉等谷类食物，以及饼干、面包、面条等谷类制品，含有强化赖氨酸、牛磺酸、维生素和矿物质。

(二) 乳及乳制品

鲜奶及乳饮料、乳粉等乳制品主要含有强化维生素、矿物质及牛磺酸。冰激凌则主要含强化维生素 A、维生素 D。

(三) 人造奶油与植物油

人造奶油、色拉油、芝麻油等食用油脂主要含有强化维生素和矿物质。

(四) 饮料、罐头和糖果

饮液、软饮料、果汁(味)型饮料主要含强化维生素、矿物质。固体饮料主要含强化维生素。配制酒主要是强化牛磺酸、维生素。糖果主要含强化维生素和矿物质。果泥主要含强化维生素。水果罐头主要含强化维生素。

(五) 调味品

我国已成功地在食盐中强化碘,以防止碘缺乏症,食盐加碘已经立法。在酱油中强化铁(EDTA 铁酱油),可预防部分人群的缺铁性贫血。醋中也可强化钙。

(六) 婴幼儿食品与孕产妇食品

婴幼儿食品主要含强化牛磺酸、维生素和矿物质。孕产妇专用食品主要含强化叶酸。

(七) 其他

营养强化食品还有如咀嚼片、饮液、胶囊、肉松、花茶、鸡蛋黄粉、鸡蛋白粉和鸡全蛋粉等食品。

小贴士

儿童酱油与普通酱油的区别

儿童酱油和普通酱油在成分上没有明显区别,但酱油中有高含量的钠这样可以通过调味来增加儿童食欲,但容易导致儿童口味越来越重,摄入钠越来越多,高血压风险越来越大。

学习单元三　无公害食品、绿色食品、有机食品

学习目标

1. 了解什么是无公害食品、绿色食品、有机食品
2. 了解无公害食品的标志
3. 了解绿色食品的标志
4. 了解绿色食品的等级
5. 了解有机食品的标志

一、无公害食品

由于农业投入品的不合理使用，农产品的不科学收获，工业“三废”和城市生活垃圾的不合理排放，市场准入制度没有建立以及市场监督管理不严等原因，农产品污染比较严重。因食用有毒、有害物质超标的农产品引发的人畜中毒事件，以及出口农产品及加工品因农(兽)药残留超标被拒收等现象时有发生。提高农业产品质量，发展无污染的安全食品已成为当前农业产业结构调整的主要目标。

无公害食品是以蔬菜、水果、肉、蛋、奶、鱼等为主的“菜篮子”产品。将抓好产地环境、农业投入品、农业生产过程、包装标识和市场准入等五个环节管理的各类食品，称为“符合卫生标准的农产品”。

二、绿色食品

绿色食品是按照特定的生产方式生产，经专门机构认定，许可使用绿色标志的、无污染的、安全、优质与营养的食品。

(一) A 级绿色食品

A 级绿色食品指在生态环境质量符合规定标准的产地，生产过程中允许限量使用限定的化学合成物质，按特定的生产操作规程生产、加工，产品质量及包装经检验、检查符合特定标准，并经专门机构认定，许可使用 A 级绿色食品标志的产品。A 级绿色食品标志为白色，底色为绿色。

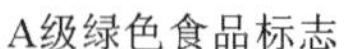

A级绿色食品标志　　　　AA级绿色食品标志

（二）AA 级绿色食品

AA 级绿色食品指在生态环境质量符合规定标准的产地，生产过程中禁止使用任何有害化学合成物质（化肥、化学农药、化学合成食品添加剂），按特定的生产操作规程生产、加工，产品质量及包装经检验、检查符合特定标准，并经专门机构认定，许可使用 AA 级绿色食品标志的产品。AA 级绿色食品标志为绿色，底色为白色。

三、有机食品

有机食品是指在原料生产和产品加工过程中不使用农药、化肥、生长激素、化学添加剂、化学色素和防腐剂等化学物质，不使用基因工程技术，并符合国家食品卫生标准和有机食品技术规范要求的农产品及其加工产品。

有机食品与绿色食品一样都是以环保、安全、健康为目标的健康食品，但两者是有区别的。绿色食品 A 级属于生态农业范围，准许使用一定量的农药，有机食品则从基地到生产、从加工到贸易都有非常严格的要求，而绿色食品（尤其是 A 级）则没有相应的严格要求。有机食品要建立严格的生产、质量控制和管理体系，在整个生产、加工和消费过程中更强调环境的安全性，突出人类、自然和社会的持续与协调发展，更重要的是有机食品可与国际有机农业接轨。因此，有机食品是真正的源于自然、富含营养、品质极高的环保型安全食品。

第四节 食品选购指导

学习单元一 食品原料品质鉴别

掌握食品原料品质鉴别的依据和标准

知识要求

食品原料品质鉴别的内容主要包括食品原料外观质量和内在质量的检验，其依据和标准主要有以下几个方面。

一、原料的固有品质

食品原料的固有品质是指原料本身所具有的使用价值，包括原料固有的营养、口味、质地等指标。一般来说，原料的食用价值越高，其品质就越好；原料的食用价值越高，其适合的烹调方法就越多，例如西红柿的品质就较好。

二、原料的纯度和成熟度

食品原料的纯度是指含杂质多少和加工精度等。原料的纯度越高，其品质就越好。原料的成熟度是指原料的生长年龄、生长时间和上市季节。

三、原料的新鲜度

食品原料的新鲜度是指原料的组织结构、营养物质、风味物质等的变化程度。新鲜度越高的食品原料品质就越好。鉴别食品原料新鲜度的高低，一般可从原料的形态、色泽、水分、重量、质地和气味等感官指标来判断，例如带鱼的品质。

(一) 形态的变化

食品原料都有一定的形态，越新鲜就越能保持原有的形态，否则就会变形。

(二) 色泽的变化

食品原料都有天然的色彩和光泽,如新鲜猪肉一般呈淡红色。

(三) 水分的变化

新鲜原料都有正常含水量,含水量减少或增加说明原料品质发生了变化,如蔬菜和水果,水分损失越多,新鲜度就越低。

(四) 重量的变化

重量的变化也能说明原料新鲜程度的改变,因为原料受外部的影响和内部的分解以及水分蒸发,会减轻重量,重量越轻,新鲜度也就越低。

(五) 质地的变化

新鲜原料的质地多坚实饱满或富有弹性和韧性。如果原料的质地变得松软而无弹性,说明新鲜度降低。

(六) 气味的变化

各种新鲜原料一般都有其特有的气味,凡是不能保持其特有的气味而出现一些异味、怪味和臭味等不正常的气味,都说明原料新鲜度已经降低或变质。

(七) 原料的清洁卫生

原料必须符合食用卫生的要求,凡是腐败变质、受到污染,如有污秽的物质、虫卵、致病菌等的原料,其卫生质量均有下降,便不适于食用。

学习单元二 食品原料鉴别方法

了解食品原料品质鉴别方法

一、理化鉴别

理化鉴别是利用仪器设备或化学药剂鉴别食品原料的化学组成,以确定其品质好坏的检验方法。理化鉴别包括理化检验和生物检验两个方面。其鉴别方法比较科学和准确,能具体而细致地分析原料的成分,得出原料品质和新鲜度的科学结论,还能查清其变质的原因。常用工具之一是显微镜。此种方法在实际操作中较少使用。

二、感官鉴别

感官鉴别是指用人的眼、耳、鼻、舌、手等各种感官了解原料的外部特征、气味和质地的变化程度,从而判断其品质优劣的检验方法。感官鉴别是鉴别食品原料品质优劣的最实用、最简便而又有效的检验方法，在烹饪行业和家庭中广泛应用。其主要方法有以下几种。

(一) 嗅觉检验

嗅觉检验是用嗅觉器官来鉴别原料的气味，进而判断其品质优劣的方法。新鲜原料本身都有一种正常的气味，而原料气味的变化恰恰是原料中各种化学物质变化的结果，如新鲜肉类有正常的肉香味等。

(二) 视觉检验

视觉检验是利用人的视觉器官鉴别原料的形态、色泽、清洁度、成熟度等品质优劣的方法。

(三) 听觉检验

听觉检验是利用人的听觉器官鉴别原料的振动声音来检验其品质优劣的方法，如手摇鸡蛋听蛋中是否有声音。

(四) 味觉检验

味觉检验是利用人的味觉器官来检验原料的滋味，从而判断原料品质优劣的方法，尤其是对调味品和水果，不但能品尝到原料的滋味，而且对原料中极细微的变化也能敏感地察觉到。

(五) 触觉检验

触觉检验是通过手对原料的触摸来检验原料组织的粗细、弹性、硬度及干湿度等，以判断原料品质优劣的方法，如海蜇的软硬程度等。

感官检验有着重要的实用价值，但感官鉴别主要是对原料的外部特征进行鉴别，而对内部品质变化程度的检验不如理化鉴别精确。

学习单元三　常见食品的品质鉴别

了解米、面粉、蔬菜、水果、肉及水产类的鉴别依据和标准

一、米

好米的粒形均匀、整齐，没有碎米，有清香味和光泽，无米糠和夹杂物，无霉味、异味，用手摸时滑爽、干燥、无粉末。具体来看：

(一) 米的粒形

米的粒形均匀、整齐，没有碎米的品质为好，相反品质为差。

（二）米的腹白

米的腹白是米粒上呈乳白色而不透明的部分，腹白较多的米硬度低，易碎，蛋白质含量低，品质差。

（三）米的硬度

米的硬度大，则品质较好。

（四）米的新鲜度

较新鲜的米有清香味和光泽，无米糠和夹杂物，无虫害，无霉味和异味，用手摸时滑爽、干燥、无粉末。陈米就是指存放时间较长的米，质量较差。

小贴士

真假黑米

判断真假黑米时可加入白醋，醋变为紫色的是真黑米，变为黑色的为假黑米。

二、面粉的品质鉴别

（一）水分

含水量正常的面粉用手捏有滑爽的感觉。若捏而有形不散，则说明含水量过多，不易保存。

（二）颜色

面粉的颜色由面粉的加工精度决定。色越白，加工精度越高，但维生素含量越低。

（三）面筋质

面筋质是由蛋白质构成的，它是决定面粉品质的重要指标。

（四）新鲜度

新鲜面粉有正常的气味，颜色较淡。凡有异味、颜色发深的，则说明面粉已过保质期。新鲜度是面粉鉴别的最基本标准。

小贴士

面粉按蛋白质含量可分为：

高筋粉：蛋白质含量为10.5%～13.5%，多用来做面包、面条等。

中筋粉：蛋白质含量为8.5%～10.5%，通常用来做包子、馒头、饺子、烙饼、西式点心等。

低筋粉：蛋白质含量为6.5%～8.5%，通常用来做蛋糕、饼干等。

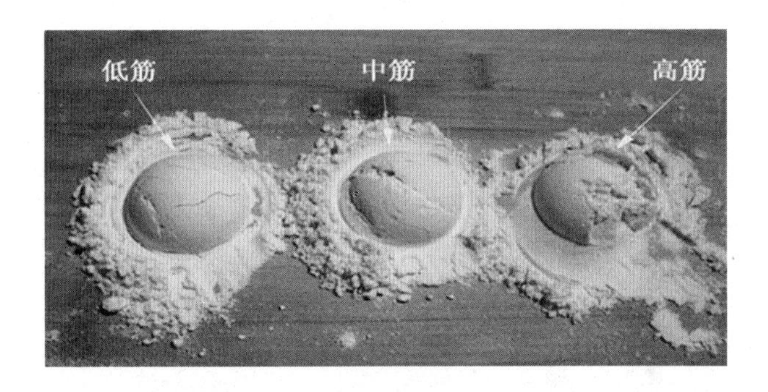

三、蔬菜、水果

(一) 蔬菜类

1. 叶菜类

叶菜类蔬菜以鲜嫩清洁，叶片形状端正肥厚，无烂叶、黄叶、老梗，大小均匀，无损伤及病虫害，无烂根及无泥土为佳。

2. 茎菜类

茎菜类蔬菜以大小均匀整齐、皮薄而光滑、皮面无锈斑、质嫩、肉质细密、无烂根、无泥土为佳。

3. 根菜类

根菜类蔬菜以大小均匀整齐、肉厚质细、脆嫩多汁、无损伤及病虫害、无黑心、无发芽、无泥土为佳。

4. 果菜类

果菜类蔬菜以大小均匀、果形周正、成熟度适宜、皮薄肉厚、质细、脆嫩多汁、无损伤及病虫害、无腐烂为佳。

5. 花菜类

花菜类蔬菜以花球及茎色泽新鲜清洁、坚实、肉厚、质细嫩、无损伤及病虫害、无腐烂、无泥土为佳。

6. 芽苗类

芽苗类蔬菜以大小均匀整齐、色泽新鲜清洁、脆嫩多汁、肥壮、无腐烂为佳。

(二) 水果类

1. 西瓜

西瓜底部的圆圈越小越好，颜色挑青绿色，纹路整齐的，蒂头要卷曲。

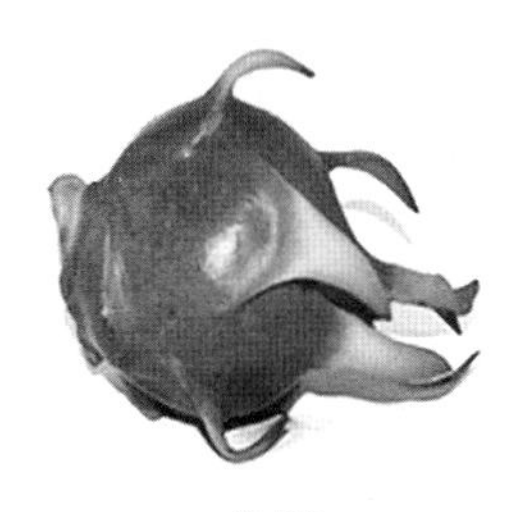

2. 火龙果

火龙果越重越好，表皮越红越好，越光滑越好，绿色的部分要越绿越好(新鲜)，越胖越好，软硬适中较好，底部不应腐烂。

3. 芒果

芒果以圆润、饱满，不软不硬，颜色黄，香味突出，没有斑点，根部不出水，不起皮的为佳。

4. 苹果

红富士挑外表条红状、红里透黄的，不要挑红成一片的，以肚脐凹陷，皮上多麻点，手指轻弹有清脆回声的为佳。

5. 荔枝

(1) 轻捏：好的果实感觉紧硬，坏的果实松软。

(2) 外观：新鲜的荔枝果皮颜色暗红，表皮纹路深，凹凸不平，饱满有弹性，果柄鲜活不萎，果肉发白。不新鲜的荔枝果皮为黑褐或黑色，汁液外渗，果肉发红。

四、肉类的感官鉴别标准

(一) 家畜肉的感官鉴别标准

家畜肉的感官鉴别标准见表1-3。

表1-3　家畜肉的感官鉴别标准

特征	新鲜肉	不新鲜肉
色泽	肌肉有光泽，色淡红且均匀，脂肪洁白(新鲜牛肉脂肪呈淡黄色或黄色)。	肌肉色较暗，脂肪呈灰色，无光泽。
黏度	外表微干或有风干膜，微湿润，不粘手，肉液汁透明。	外表有一层风干的暗灰色物质或表面潮湿，肉液汁浑浊，并有黏液。
弹性	刀断面肉质紧密，富有弹性，指压后的凹陷能立即恢复。	刀断面肉比新鲜肉柔软，弹性小，指压后的凹陷恢复慢，且不能完全恢复。
气味	具有家畜肉正常的特有气味，刚宰杀后不久有内脏气味，冷却后变为稍带腥味。	有酸的气味、氨味或腐臭气，有时在肉的表层稍有腐败味。

续　表

特征	新鲜肉	不新鲜肉
骨髓的状况	骨腔内充满骨髓，呈长条状，稍有弹性，较硬，色黄，在骨头折断处可见骨髓的光泽。	骨髓与骨腔间有小的空隙，较软，颜色较暗，呈灰色或白色，在骨头折断处有光泽。
煮沸后的肉汤	透明、澄清，脂肪凝聚于表面，具有香味。	肉汤浑浊，脂肪呈小滴浮于表面，无鲜味，往往有不正常的气味。

（二）家禽肉的感官鉴别标准

家禽肉的感官鉴别标准见表1-4。

表1-4　家禽肉的感官鉴别标准

项目	新鲜家禽肉	不新鲜家禽肉
嘴部	有光泽，干燥有弹性，无异味。	无光泽，部分失去弹性，稍有异味。
眼部	饱满，充满整个眼窝，角膜有光泽。	部分下陷，角膜无光。
皮肤	呈淡白色，表面干燥，稍湿不黏。	淡灰色或淡黄色，表面发潮。
肌肉	结实而有弹性，鸡的肌肉呈玫瑰色，有光泽，胸肌为白色或淡玫瑰色；鸭、鹅的肌肉为红色，幼禽有光亮的玫瑰色。	弹性小，手指按压后不能立即恢复或完全恢复。
脂肪	白色略带淡黄，有光泽，无异味。	色泽稍淡，或有轻度异味。
气味	有家禽特有的新鲜气味。	轻度酸味及腐败气味。

（三）鱼类的品质鉴别

鱼类的品质鉴别标准见表1-5。

表1-5　鱼类的品质鉴别标准

项目	新鲜鱼	不新鲜鱼
鳃	色泽呈鲜红或粉红（海鱼鱼鳃色呈紫或紫红），鳃盖紧闭，黏液较少，呈透明状，无异味，鱼嘴紧闭，色泽正常。	鱼鳃呈灰色或暗红色，鳃盖松弛。鱼嘴张开，苍白无光泽。
眼	鱼眼清澈而透明，向外稍稍凸出，黑白分明，没有充血发红的现象。	灰暗，稍有塌陷，发红。
鳞	鱼皮表面黏液较少，且透亮清洁。鳞片完整并有光泽，紧贴鱼体。	鱼皮表面有黏液，透明度低，鱼鳞松弛，且有脱鳞现象。
腹部	肌肉坚实，无破裂，腹部不膨胀，腹色正常。	腹部发软，有膨胀。
肌肉	组织紧密有弹性，肋骨与脊骨处的鱼肉结实，不脱刺。	鱼肉组织松软，无弹性，肋骨和脊骨极易脱离，易脱刺。

（四）水产类的品质鉴别

1. 虾类

虾类的品质鉴别标准见表1-6。

表1-6　虾类的品质鉴别标准

项目	新鲜虾	不新鲜虾
虾	虾的头尾完整，爪须齐全，有一定的弯曲度，壳硬度较高，虾身较挺，虾皮色泽发亮，呈青绿色或青白色，肉质坚实细嫩。	虾的头尾容易脱落或离开，不能保持原有的弯曲度。虾皮发暗，色呈红色或灰红色，肉质松软。

2. 蟹类

蟹类的品质鉴别标准见表1-7。

表1-7　蟹类的品质鉴别标准

项目	新鲜蟹	不新鲜蟹
蟹	不论河蟹还是海蟹，身体完整，腿肉坚实，肥壮有力，用手捏有硬感，脐部饱满，分量较重。外壳青色泛亮，腹部发白，团脐有蟹黄，肉质新鲜。好的河蟹动作灵活，翻过来能很快翻转，能不断吐沫并有响声。	蟹腿肉空，分量较轻，壳背呈青灰色，肉质松软。河蟹行动迟缓不活泼，海蟹腿关节僵硬。

小贴士

吃蟹时应去除不能食用部分：蟹胃、蟹鳃、蟹心、蟹肠。

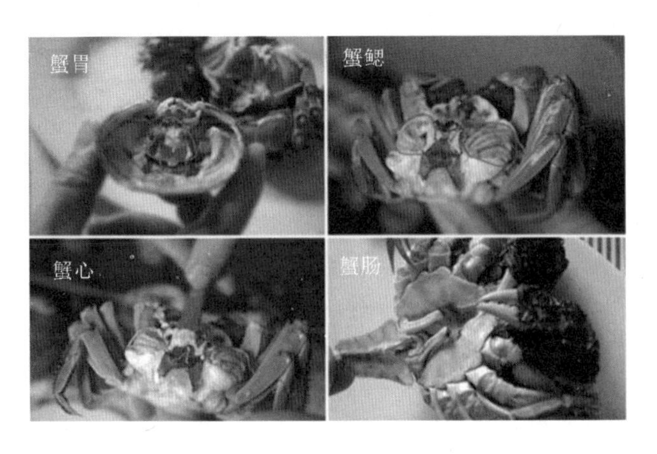

（五）其他类食品的品质鉴别

其他类食品的品质鉴别标准见表 1－8。

表 1－8　其他类食品的品质鉴别标准

项目	鉴别标准
干货原料	1. 干爽，不霉烂。 2. 整齐，均匀完整。 3. 无虫蛀、无杂质，保持规定的色泽。
菌藻类原料	1. 鲜品、罐头制品一般要求个体完整、大小均匀、色泽鲜亮清新、肉质厚实、无异味、无污染、无泥土。 2. 干货制品一般要求个体完整、大小均匀、干燥坚实、重量轻、肉质厚、无霉变、无泥沙、香味浓郁。
食用油脂	1. 透明度：油脂的透明度说明了油脂中含杂质的多少。含杂质少则清澈透明，质量为佳。 2. 气味：鉴别时用手沾一点油，在手心中搓揉一下，然后闻气味，正常的食用油脂不应有哈喇味。 3. 滋味：没有酸败、焦臭等其他异味，高级精炼油无滋味。 4. 色泽：每种食用油脂都有深浅不同的颜色，精炼油的颜色越淡越好。 5. 沉淀物：沉淀物越少说明食用油脂的质量越高，反之质量越差。

第五节　烹饪营养指导

学习单元一　食物分档取料

了解猪肉、禽肉、鱼类分档取料及各种肉的特点

一、猪肉的分档取料

热气肉——屠宰后的猪肉，常温存放，但不经过冷却工艺的猪肉易污染。热气肉肉质较硬，肉汤混浊，滋味较淡，保质期短。

冷鲜肉——屠宰后的猪肉迅速进行冷却处理，使肉温度在 24 小时内降为 0～4℃，并在销售过程中始终保持 0～4℃。冷鲜肉鲜嫩多汁，易咀嚼，肉汤澄清，滋味鲜美，在

0～4℃下可保存3～7天。

冷冻猪肉——屠宰后的猪肉迅速冻结，其后腿肌肉深层温度低于－15℃。冷冻猪肉肉质干硬，滋味淡，保质期长。

(1) 前段十项可分为：蹄膀肉、带皮夹心肉、梅花肉、带皮前蹄膀、脚圈、月亮骨、鲜汤骨、扇子骨、颈排、肉小排。

特点：肥瘦相间，质地绵脆细嫩，适合切丝、片、丁。带皮时可以腌、卤、酱、炒。去皮时滑炒，做馅料。

(2) 中段八项可分为：精制大排、烤排(俗称大排条)、大排里脊、无骨猪扒、带皮五花肉、带皮方肉、带皮肋条、龙骨。

特点：五花肉肥瘦相间，质地细嫩，可用于腌、蒸、烧、炸，如扣肉、红烧肉。大排肉质比较细嫩，有肥有瘦，肉质较好，适宜卤、烧、煨、腌、炸等，如红烧大排、焖猪排。奶脯肉是泡状肥肉，可去皮炼油，也有做腊肉的。

(3) 后段十一项可分为：带皮后蹄膀、带皮后腿、内里脊肉、腱子肉、黄瓜条、臀尖肉、坐臀肉、尾骨、相思骨、筒子骨、脚圈。

特点：

①里脊：猪身上最嫩的部分，背部有细板筋，适用于炸、爆、炒、烩，如软炸里脊、酱爆里脊丁。

②臀尖：位于后腿坐臀肉的上面，均为瘦肉，无筋膜，肉质细嫩，可代替里脊，适用于炒、爆、炸，如软炸肉、滑炒肉片、宫保肉丁等。

③坐臀肉：肉质较老，肥瘦相间，适用于炒、拌，如炒回锅肉、蒜泥拌白肉等。

④后蹄膀：皮厚筋多，胶质多，瘦肉多，适用于炖、煨、烤。

(4) 猪附件分为：猪头、猪尾、猪肝、猪心、猪肚、猪蹄、猪大肠、猪腰、猪舌、猪耳。

猪头：宜于酱、烧、煮、腌，多用来制作冷盘。

猪尾：皮多、脂肪少、胶质重，适宜烧、卤、凉拌等。

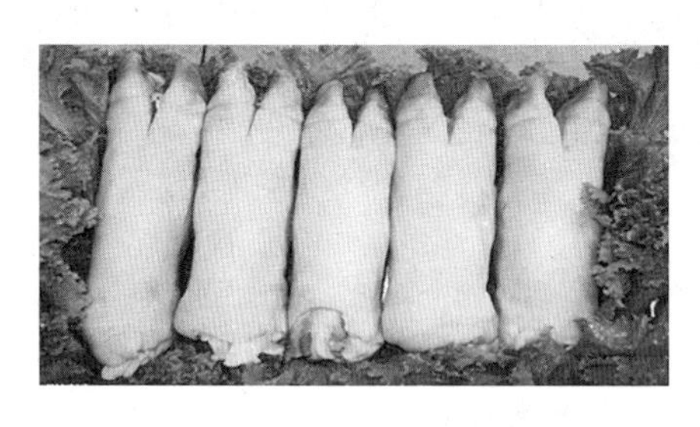
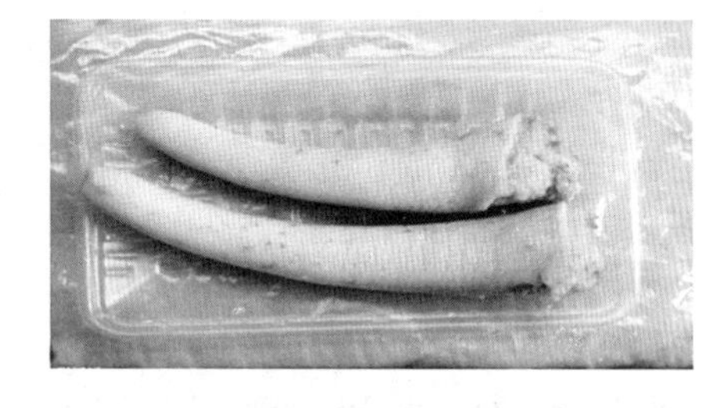

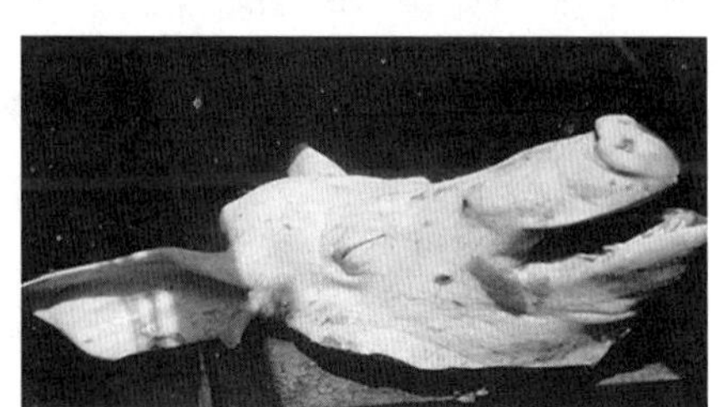

二、禽肉的分档取件

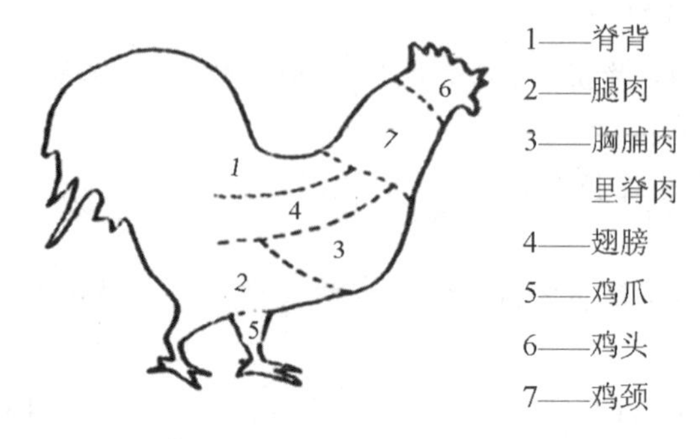

(一) 头、颈、舌

烹调用途：卤、烧、煸、腌，如五香鸭脖、酱鸭舌、卤鸡头。

(二) 翅

烹调用途：卤、烧、煸、泡，如红烧鸡翅、泡椒鸡尖。

(三) 爪

烹调用途：卤、拌、泡，如椒麻凤爪、泡椒鹅掌。

(四) 胸脯肉

烹调用途：炒、熘、炸，如宫保鸡丁、鲜熘鸡丝、清汤鸡丸。

(五) 腿

烹调用途：炒、炸、蒸、烤、卤，如炸鸡腿、粉蒸鸡、烤鸡腿。

三、鱼的分档取料

(一) 鱼头

鱼头适用于煮、炖、炜，如砂锅鱼头、千岛鱼头。

(二) 鱼身(中段、净鱼肉称鱼脯)

鱼身适用于煮、烧、熘、炸、蒸、烤、炸，如水煮鱼、五香熏鱼。

(三) 鱼尾(划水)

鱼尾适用于煮、烧、烤，如红烧划水。

(四) 整鱼去骨

(1) 准备刀具、砧板；(2) 逆向划刀(从鱼身向鱼头方向)；(3) 刀尖从鱼头贴鱼骨慢慢片下鱼肉；(4) 划鱼连续至鱼尾，不可断；(5) 鱼尾处划刀至鱼骨，保持鱼尾的完整；(6) 同样方法片另一面鱼肉。

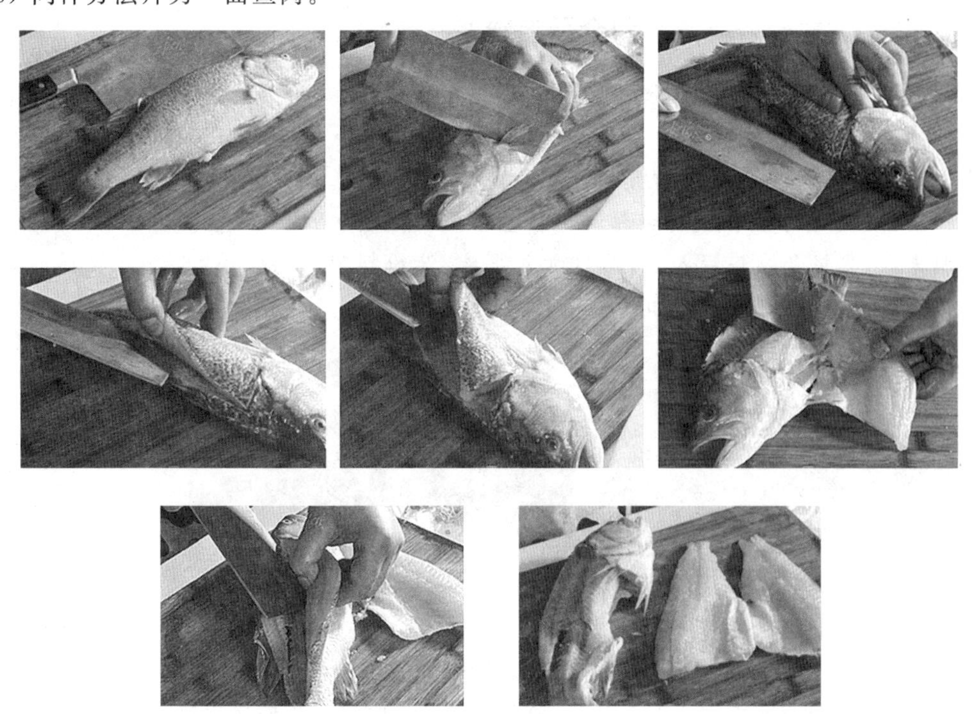

学习单元二 烹调中营养素的变化

了解烹调中营养素的变化

一、蛋白质在烹调中的变化

（一）蛋白质变性

1. 高温加热变性

食物经高温加热，加快了蛋白质变性的速度，使食物表面因变性凝固，而原料内部的营养素和水分不会外流，从而保持菜肴口感鲜嫩，营养成分不流失。如上浆——蛋清浆、全蛋淀粉浆。

蛋清浆和全蛋淀粉浆

蛋清浆主要用蛋清、淀粉、盐等调味品调制而成，可先将食物腌渍入味，然后加入蛋清、淀粉拌匀。一般用料食物 500 克，蛋清 50 克，淀粉 25 克，多用于滑油菜肴，如龙井虾仁、溜鱼片等。

全蛋淀粉浆：全蛋淀粉浆原料包括全蛋（蛋清、蛋黄）、淀粉、盐等调味品，先将食物腌渍入味，然后加入蛋液、淀粉拌匀，多用于炒菜类及烹调后带色的菜肴，如辣子鸡丁等。

2. 加盐降低蛋白质凝固温度

在制作前不放盐，防止蛋白质凝固，原料的鲜味得不到析出；为使原料的鲜味存在，减少蛋白质渗出，则必须在汤卤时先放盐，制作汤菜，如炖鸡汤，为使汤味鲜美一般后放盐。

盐水鹅

小贴士

制作汤菜，如炖鸡汤，为使汤味鲜美，采用煮好后放盐的方法。

制作盐水卤的菜肴，如盐水鸭、盐水鹅，采用制作汤卤时放盐的方法。

炖鸡汤配料：柴鸡或三黄鸡1只，香菇若干，盐，姜，花椒，干辣椒。

制作工艺：

(1) 香菇泡发

(2) 鸡肉焯水

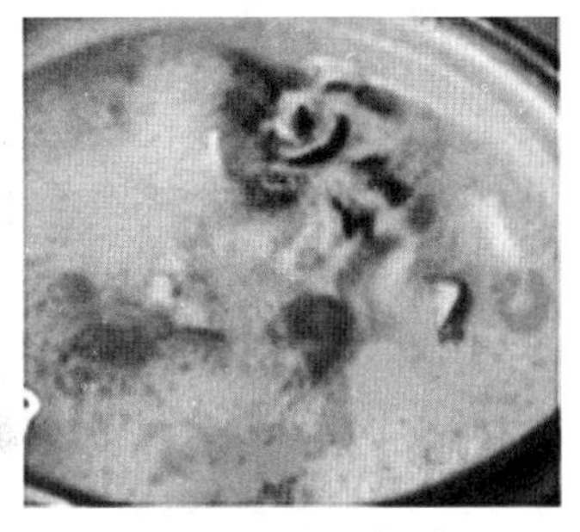

(3) 加入配料(除盐外)煮开后小火慢炖1小时

(4) 出锅放盐

(5) 盛出

3. 搅拌变性

搅拌会使蛋白质产生凝胶。在制作鱼圆、肉馅、鱼糕时，在肉泥中加入适量的水和盐，顺着一个方向搅拌，这时肉泥的持水能力便会增强，并且使肉产生较强的黏弹性，形成凝胶。制作此类菜，搅拌是很关键的。搅拌必须朝一个方向，否则会打破已经形成的蛋白网，影响蛋白质形成凝胶。

虾滑配料：虾 300g，盐、生抽适量，蛋清 1 个，淀粉 1 勺，葱，姜。

制作工艺：

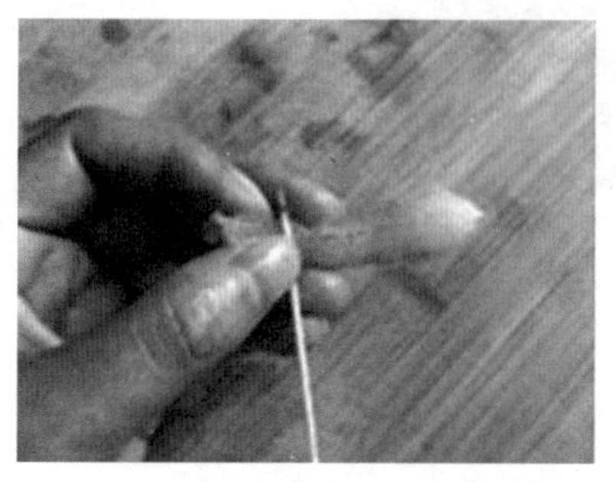

（1）虾去头去壳，并清除虾线

（2）剁碎后加入配料

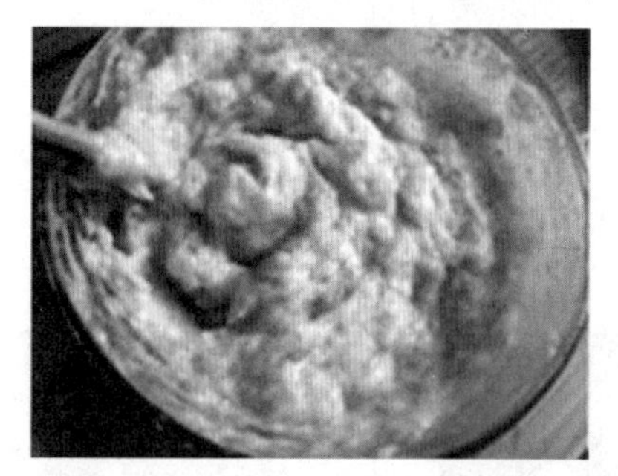

（3）虾肉朝一个方向搅拌

（4）虾滑

（二）水解作用

筋多的肉经长时间加热后，可变得极其软烂，主要原因是其中的胶原蛋白质经长时间煮沸，水解为明胶；碱水涨发鱿鱼（海参）时，若长时间碱浸，就会因过度水解而化掉，所以碱在发时要经常检查，涨好就应捞出，不能久浸。

水晶猪皮冻配料：猪皮 500g，食盐 1/4 茶匙，姜、八角、花椒、香叶、桂皮若干，生抽、老抽、米醋、白糖若干。

制作工艺：

（1）准备材料

（2）焯烫

（3）猪皮切条

(4) 炖煮 1 小时　　(5) 冷冻　　(6) 水晶肉皮冻

(三) 胶凝作用

蛋类加工中皮蛋、乳制品中的干酪、豆类产品中豆腐、水产品中的鱼丸、肉类中的肉皮冻都是,都是利用胶原蛋白水解后冷却到室温,形成弹性的半透明凝胶制作成的。

(四)蛋白质的褐变

蛋白质在有糖存在的情况下,通过加热,会引起食物褐变,适当的褐变能用于食物上色,但过度的褐变会造成营养成分的破坏,如马铃薯切开放置变色。

马铃薯的褐变

烤鸭的褐变

二、脂肪烹饪过程的变化

(一) 脂肪的分解(分解温度即发烟点)

油脂加热到一定温度会挥发。

(1) 加热温度＜150 ℃,分解程度轻,分解产物少。

(2) 加热温度 150～200 ℃,分解程度不明显,分解产物种类少。

(3) 当温度升至 250～300 ℃,分解加剧,分解产物种类增多。

热分解不仅会使油脂的营养价值下降,而且危害人体健康。热分解产物主要包括游离脂肪酸、不饱和烃、挥发性化合物。

(二) 脂肪聚合

脂肪过热,特别是加热到 300℃以上,或长时间加热,不仅会发生热分解反应,还会发生聚合反应，烧煮结果使油脂色泽加深，黏度增加，严重时冷却后会发生凝固现象，并伴有较多泡沫。温度越高，加热时间越长，聚合作用越快，油脂增稠和变黑的速度越快。

小贴士

控制油脂高温氧化、劣化方法

1. 按加工方法选择油脂

油脂按工艺特点大体分为烹调油、煎炸油、糕点油。

烹调油：一般选用精炼新鲜油脂，如大豆油、菜籽油、橄榄油、山茶油、坚果油等。

油炸油：要有良好的稳定性，并能使油炸食品色泽金黄，具有风味特色，如棕榈油、花生油。

糕点油：有良好的稳定性、可塑性、起酥性、酪化性（油脂含气泡）和乳化性，如猪油、奶油、改性猪油、人造奶油、氢化植物油。

2. 降低油温

油温越高，油脂氧化分解越剧烈，劣化速度越快。烹饪中油温尽量降低，不宜超过150℃。

3. 选择口小而深的锅

油脂与空气接触面积越大，油脂的劣化反应越剧烈，尽量选择口小而深的锅，并加盖隔氧，加工中若使用口大敞口平锅，更易使油脂劣化。

4. 减少与金属物的接触

在烹饪过程中尽量选择精炼油脂加工，油炸设备也应尽量使用含镍不锈钢，避免使用铁锅和铜锅。

5. 降低食物含水量

尽量减少食物水分，特别是表面的水分与油脂接触后，会使油脂发生水解，水解的油脂更容易发生劣化，可以通过上浆、挂糊等方法，保存食物中的水分，还可使食物鲜嫩多汁。

三、碳水化合物烹饪过程的变化

（一）淀粉的糊化

淀粉（生粉）加热成为黏性糊状物质。糊化后的淀粉口感更好，有利于消化吸收，如勾芡。

酒酿圆子材料：小圆子150g，酒酿200g，冰糖50g，鸡蛋1个，枸杞若干，糖桂花2g，淀粉15g。

制作工艺：旺火将水煮开，放入圆子，待圆子上浮，即为成熟，放入酒酿、冰糖、枸杞，用水淀粉勾芡后淋入蛋液并搅拌，装盆后撒入桂花。

酒酿圆子

（1）准备材料

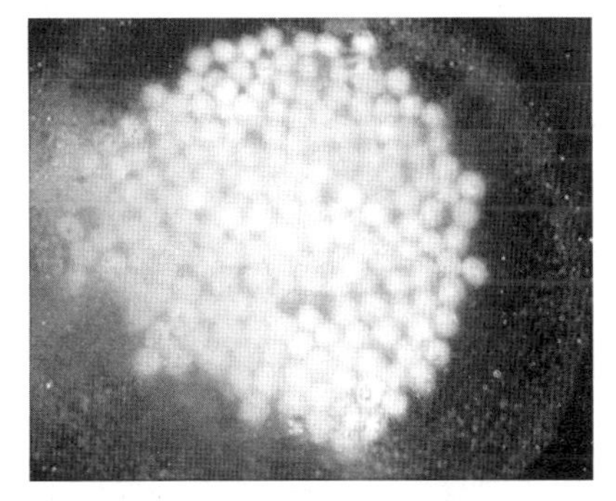

（2）沸水煮开放入圆子

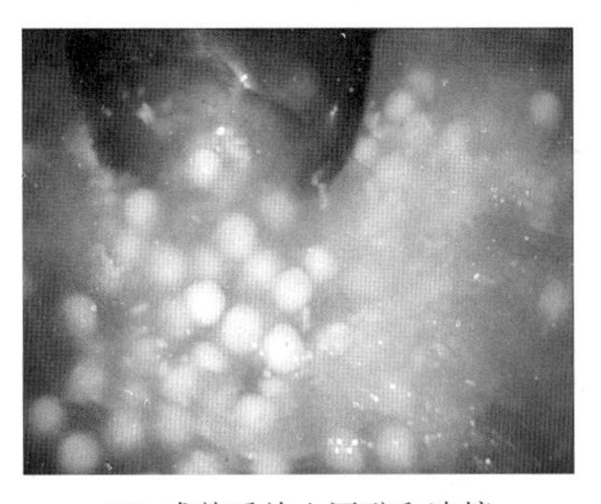

（3）成熟后放入酒酿和冰糖

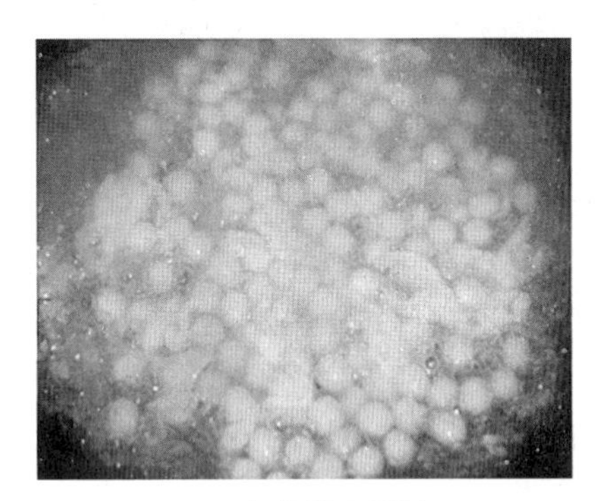

（4）勾芡淋入蛋液

（二）淀粉的老化

糊化的淀粉在室温或低温下放置时，会变成不透明状，甚至会沉淀老化。老化后的淀粉结构十分稳定，即使加热也很难使它再溶解（勾芡后的食物重新煮，不会黏稠）。

（三）淀粉的焦化

奶香小面包配料：高筋粉80g，低筋粉20g，绵白糖18g，蜂蜜5g，奶粉9g，水35mL，鸡蛋1个，黄油15g，干酵母1/4勺，盐1g。

制作工艺：温水化酵母，并将所有配料（黄油除外）混合，揉至面团光滑；加入黄油揉至面团不易破，或破裂口光滑；温室醒发 15 分钟；切条状，放入烤箱（下方放一盆水）发酵 2～3 小时至面包两倍大；预热烤箱上火 180℃，下火 160℃，烤制 12 分钟。

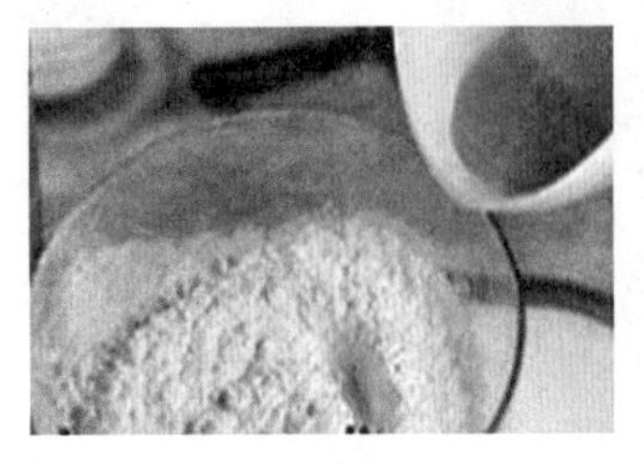
（1）混合配料

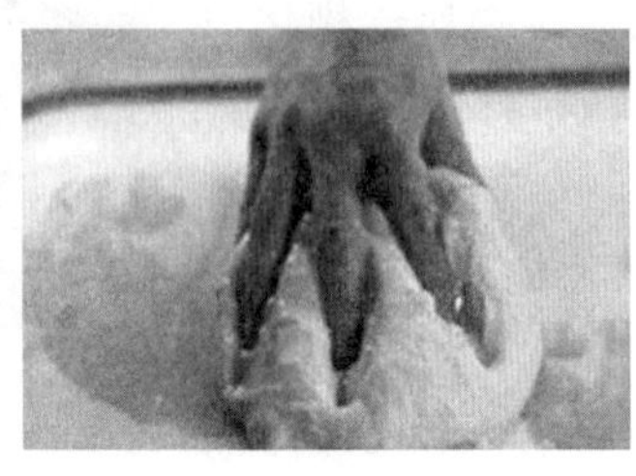
（2）加入黄油

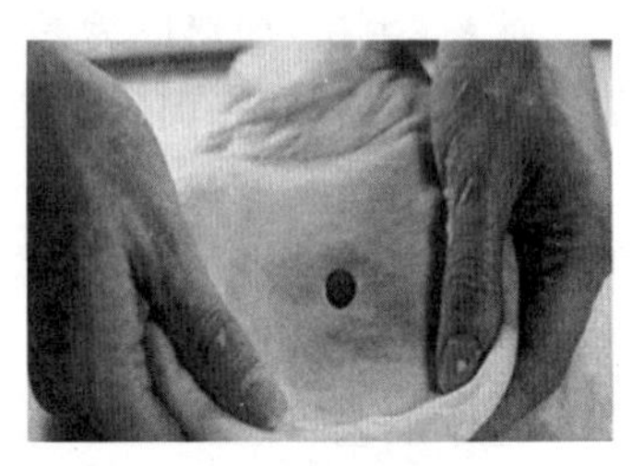
（3）揉至面团不易破裂

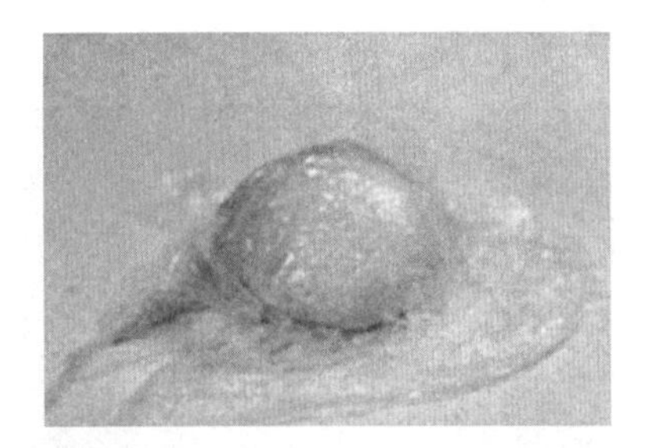
（4）醒发 15 分钟

（5）发酵 2～3 小时

（6）烤箱烤制

（7）烤面包成品

（四）蔗糖的拔丝与糖色

拔丝地瓜材料：地瓜 300g，白糖 100g，植物油 200mL。

制作工艺：洗净地瓜，去皮切滚刀块；五成热油，炸熟地瓜至金黄色；热锅小火融化白糖，并缓慢熬制至浅棕红色，待泡沫变小时，放入地瓜翻炒；盘子抹油装盘（或放吸油纸）。

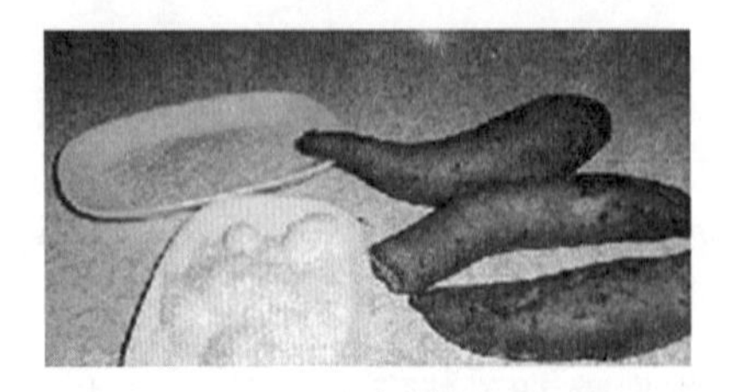
（1）准备材料

（2）滚刀块

(3) 地瓜炸熟至金黄色

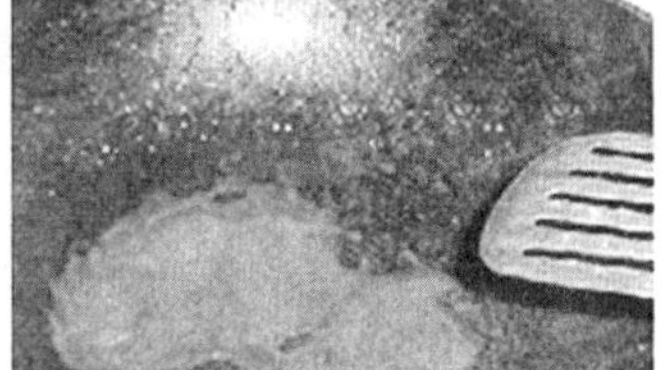
(4) 融化白糖

(5) 拔丝地瓜成品

学习单元三　烹饪方法对营养素的影响

学习目标

了解烹饪方法对营养素的影响

知识要求

1. 洗涤与切配顺序和要求

为防止营养素的流失，对各种蔬菜均应按照“一拣、二洗、三切”的顺序进行操作。

2. 旺火速成

菜要做熟，加热时间要短，烹调时尽量采用旺火急炒。原料过明火急炒，能缩短菜肴成熟的时间，从而降低营养素的损失。猪肉切丝旺火急炒，其维生素 B_1 损失率只有13%，而切成块慢火炖，维生素损失率则达65%。

3. 其他

煮——对碳水化合物及蛋白质起水解作用，对脂肪影响不大，但水溶性维生素(维生素B、维生素C)及矿物质(钙、磷)溶于水，烹饪时间越长维生素B、维生素C损失越大，煮菜肴有助于消化。

蒸——和煮相似，但矿物质不会因蒸损失。

煨——可使水溶性维生素和矿物质溶于汤内，只有一部分维生素损失。

腌——腌的时间长短同营养素损失大小成正比。

卤——能使维生素和矿物质溶于卤汁，只有部分损失。

炸——由于高温，蛋白质严重变性，脂肪聚合，而滑炒则因食物外裹蛋清或淀粉，形成保护膜，对营养素损失不大。

烤——维生素A、维生素B、维生素C受到相当大的损失，脂肪也会损失，若明火直接烤，可能会产生苯并芘。

熏——使维生素C受到破坏，部分脂肪损失，可能产生苯并芘。

小贴士

油温判断的方法

两成热油温为60℃左右，未冒烟，微微感觉到有点热。六成热油温为180℃左右，油面翻动，青烟微起，微小的气泡浮起。七成热油温为200℃左右，油面转平静，青烟直冒，筷子放入，有密集气泡产生。

油温两成热

油温五成热

主食的烹饪方法

对于谷物，蒸煮烙烤煎炸都可以。以蒸煮最好，烙烤次之，煎炸最差。比如煎炸过程中维生素B_1损失近100%，其他营养素损失比例也比较大。煮时也不宜去汤，否则会损失营养素，比如用捞面方式制作面条营养素损失大于汤面。

蔬菜的烹饪方法

对脆质的叶和茎菜等，宜用旺火急炒的方法，其优点是由于时间短，营养素有较高的保存率。另外，炒时高温杀灭了菜上的寄生虫卵和微生物，使菜肴更加安全。最后炒菜使用的油脂能促进脂溶性营养素的吸收。

第六节　家庭食品安全

学习单元一　个人卫生与食品污染

学习目标

1. 掌握洗手方法
2. 掌握消除农药残留和降低农药残留的方法

3. 了解几种常见的有害金属对食品的污染
4. 了解不合适的烹饪方式导致的食品污染与预防
5. 了解食品容器、包装材料设备的卫生安全

一、标准洗手七步法

家庭里食物中的致病菌污染往往是通过烹饪人员的手、容器、工具等途径传播的。预防食物中毒，首先应掌握标准洗手方法：内外夹弓大立腕。

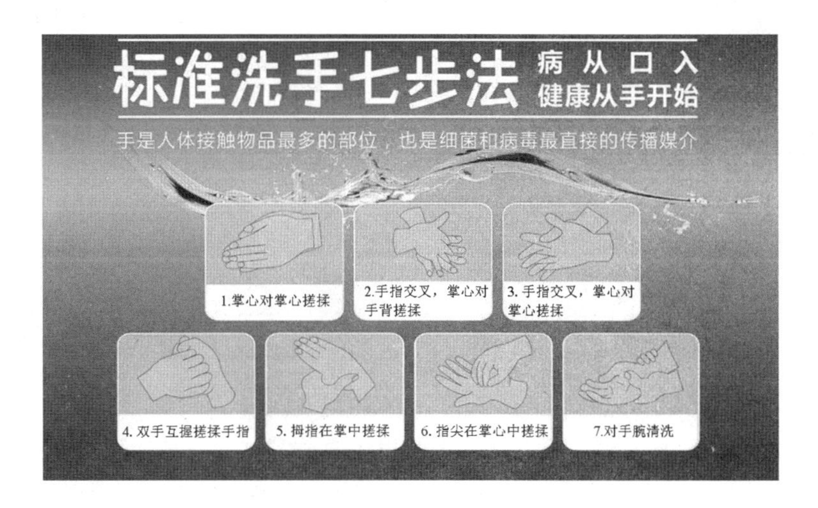

二、厨房作业正确方法

在雇主家庭的厨房工作中，家务助理员要强化生活中食品的安全卫生意识，防止熟食制品被带菌的容器、带菌的加工人员和带菌的生食物污染，做到在操作过程中防止食品交叉污染，生熟分开。例如，我国沿海餐饮从业者、普通人群及渔民对副溶血性弧菌(一种能引起上腹疼痛、恶心、呕吐、腹泻等临床症状的细菌)的带菌率达11.7%，有肠道疾病的患者高达88.8%。

(一) 多准备几块砧板和几把菜刀

砧板需有2～3块，其中切生食一块，切熟食一块，切水果一块，有条件的切海鲜一块。

(二) 勤洗手,科学洗手,习惯洗手

厨房工作过程中的洗手时间点：进雇主家前,饭前饭后,如厕后,接触钱币、手机、电脑后,做完清洁工作后,接触公共物件后等。

(三) 经常清洗、消毒烹饪工具和餐具

如锅、勺、碗、筷、盆、砧板、微波炉、冰箱、烤箱、调味罐等。首先应彻底清洗,其次用80℃以上热水消毒,再次冲洗,不同清洁度的器具应分开放置。

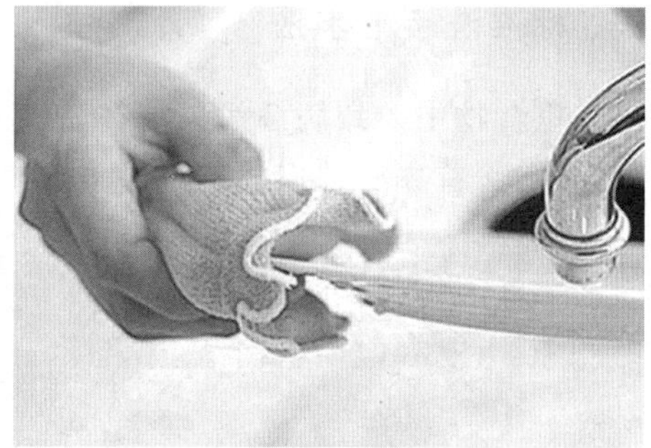

(四) 正确分类、分层次存放食物

食物离地存放时,应与地面及墙壁保持一定距离(10cm 以上),且通风,干燥。食物放入冰箱时,最好做相应处理,如肉类、海鲜应用塑料袋封装,果蔬擦干水,鸡蛋用盒子分装或塑料袋封装,食物不宜堆放过多,防止交叉污染。

三、预防食物污染、中毒的处理的方法

(一) 降低农药残留方法

蔬菜水果要充分清洗,除去表面大部分农药残留的方法有:浸泡+流动水清洗法、去壳法、焯水弃汤法、洗洁精清洗法、臭氧清洗法。

浸泡+流动水清洗

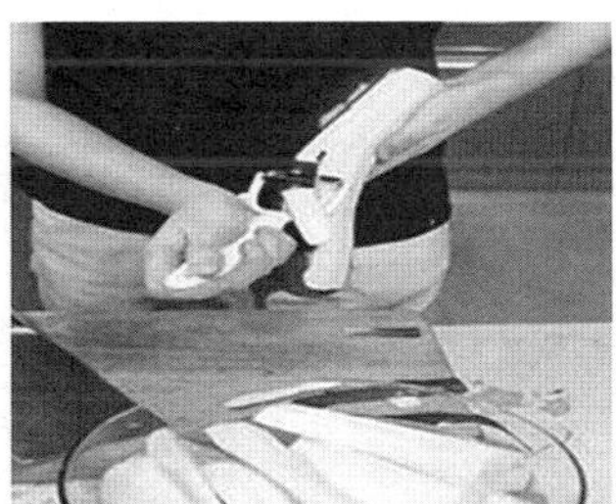

去壳

焯水弃汤

洗洁精清洗

臭氧洗菜机

(二) 防止有害金属对食品的污染

环境中的有毒金属会通过消化道、呼吸道和皮肤接触等途径进入人体,对人体产生毒害作用,如常见的有害金属铅、汞等。

1. 汞

如体温计破裂时造成水银泄漏,蓄积过多时,便会损害健康。

小贴士

烹饪中有体温计摔破或血压计水银泄漏怎么办？

首先打开门窗通风，戴上口罩处理地上和手上的水银，可以使用盆栽泥土或砂石，最好撒上一些硫黄粉。如不慎溅到皮肤上，应快速用纸巾擦干，并用大量水冲洗。如误服，立即漱口，并饮用大量牛奶或者蛋清，并送医。

2. 铅

食品中铅污染的来源：食品容器和包装材料的油墨和颜料，如加工皮蛋时加入的黄丹粉（氧化铅），陶瓷餐具的釉彩，铁皮罐头中的镀锡（含铅）。

危害：造成神经、肾脏的慢性损害，特别是儿童摄入铅会导致其智力低下，发育受损。

=

（三）选用合适的烹饪方法，避免高温长时间处理食品，尤其是干热式处理，如烧、烤、煎、炸等

1. 不合适的烹饪方式导致的N-亚硝基化合物污染及其预防

N-亚硝基化合物是一类致癌性很强的化学物质，已在多种物品中检测到。如长期存放的蔬菜水果、啤酒、霉变食品、化妆品、香烟烟雾、餐具清洗剂和表面清洁剂等。

预防措施：

（1）防止食物霉变及其他细菌的污染，不吃腐烂、变质的蔬菜和存放过久的熟菜。

（2）改进食品加工及烹调方法，减少熏制、腌制、泡制，控制发色剂的使用。

（3）多吃新鲜蔬果，增加VC摄入量，如猕猴桃、沙棘等；多吃含硫化物的蔬菜，如大蒜、大葱、萝卜；多吃茶和茶多酚制品。

小贴士

刚腌制的蔬菜含有大量的亚硝酸盐，7天时达到顶峰，因此蔬菜最好腌制15天以上再食用。

2. 不合适的烹饪方式导致的多环芳族化合物污染及其预防

食品中的蛋白质经高温烹调，特别是200℃以上时，蛋白质容易发生裂解而产生杂环胺。杂环胺主要对肝脏、肠道、口腔等有致癌性。

预防措施：

(1) 烹调温度越高，时间越长，食物含水量越少，产生的杂环胺越多，故避免煎、炸、烤、烧等直接与火源接触或与灼热金属表面接触的烹调方法。

(2) 蛋白质含量越高的食物产生杂环胺越多，不要吃烧焦的食物，避免高蛋白食物采用炸、煎、烧、烤的烹饪方式。

(3) 增加蔬菜、水果摄入，膳食纤维能吸附杂环胺，而且蔬果中的很多成分能抑制和破坏其突变性。

(四) 常见塑料制品标识

1. 聚酯(PET)

聚酯常用作制作矿泉水瓶、可乐饮料瓶、果汁瓶，可在短时期内装常温水，不能装热水。

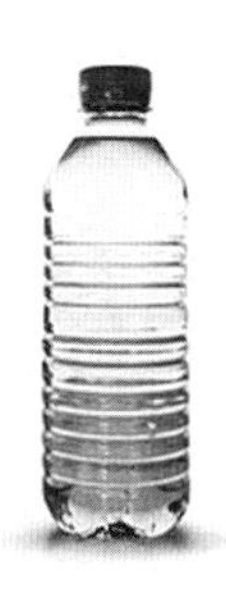

2. 高密度聚乙烯(HDPE)

高密度聚乙烯常用作制作食品及药品包装、清洁用品和沐浴产品包装、购物袋、垃圾桶等，通常这些容器很难洗干净，有过多残留的有害物质，不要循环使用。

3. 聚氯乙烯(PVC)

聚氯乙烯常见于雨衣、建材、塑料膜等，由于生产中使用大量塑化剂和含重金属的稳定剂，遇到热和油时容易析出有毒物，致癌，很少被用于食品包装。

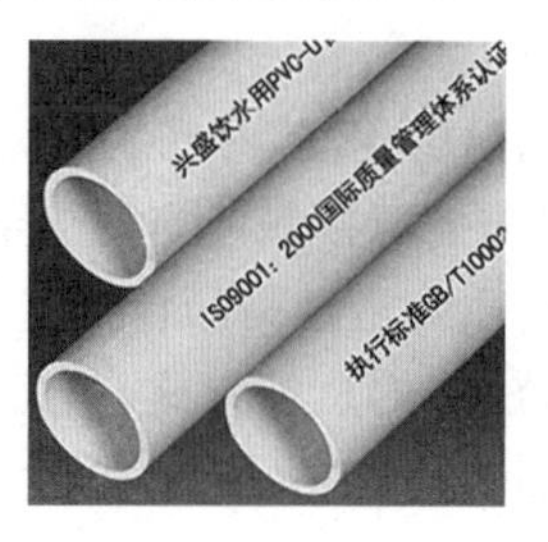

4. 低密度聚乙烯(LDPE)

低密度聚乙烯常用于保鲜膜、塑料膜、牙膏或洗面乳的软管包装，耐热温度较低，高温分解时有可能释放出有害物质，应避免高温使用，不可微波加热。

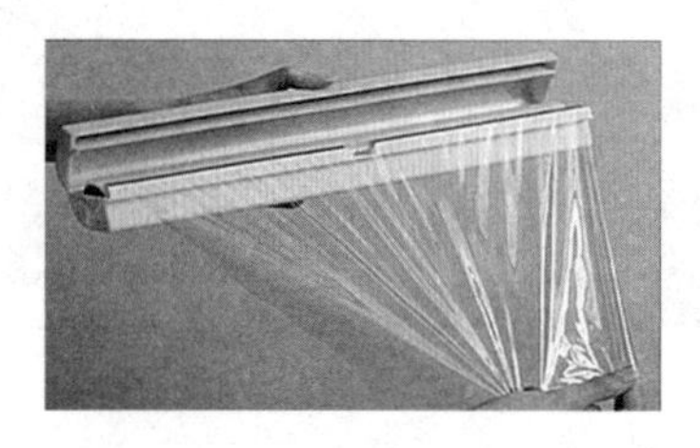

5. 聚丙烯(PP)

聚丙烯常用于一次性果汁和饮料杯、塑料餐盘、保鲜盒，有些保鲜盒盖子是用聚苯乙烯制成的，应先将盒盖取下后再加热。

6. 聚苯乙烯(PS)

聚苯乙烯常用于碗装泡面盒、快餐盒，温度太高会释放有毒、有害物质，不要用其装滚烫的食物，也不能放进微波炉加热。

7. 聚碳酸酯(PC)

聚碳酸酯常用于水壶、水杯、奶瓶，表面不耐磨、易刮伤，不耐强碱，注意不合格产品有双酚 A 释出，会危害健康。

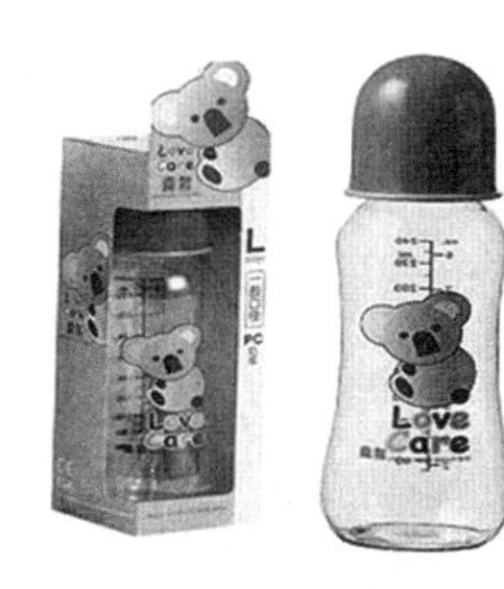

学习单元二　食品种类和防腐

学习目标

1. 掌握易腐食品与不易腐食品类型
2. 掌握食品防腐、防霉方法
3. 了解储藏食品安全指导

知识要求

一、易腐食品与不易腐食品

(一) 易腐食品

大部分天然食品属于此类，如畜、禽、鱼、贝、蛋、乳等蛋白质含量高的动物性食品，大部分水果、蔬菜等新鲜植物性食品，还有米饭、面包、罐头等加工类食品，也包括馅料、熟食、凉拌水果、色拉等日常食品。

(二) 不易腐败变质类

含水量低、干燥的食品，包括盐、糖、谷物、米面、冷冻食品、酒类、密封罐头和部分酸性罐头。

二、储藏食品安全指导

家庭食物储藏和加工方法有以下几种。

(一) 冷藏

按低温程度分为：冷藏，0～10℃；冷冻，－23～0℃。冷藏时维生素 C 损失较多，对食品组织结构影响较小，但要注意冰箱清洁卫生，防止交叉污染。

小贴士

冷藏应注意“急冻缓化”，即快速冷冻，缓慢融化。

（二）加热处理

家庭中通常可采用煮沸、高压蒸煮、微波炉加热（适用于含水量高、体积厚度较大的食品）等处理食物。

（三）盐腌、糖渍和酸渍

食盐、糖液浓度达10%以上时，可防止食品污染与腐败。醋酸浓度在1.7%以上时可抑制大部分细菌生长。

（四）脱水干燥保存

（五）烟熏

（六）防霉

（1）粮食颗粒应饱满（减少含水量），去除霉变部分。

（2）谷物尽快脱粒，减少所含水分，如晾晒、风干、烤干。

（3）贮藏时要注意温度（低温，10℃）、湿度（相对湿度70%）、通风情况。

学习单元三　常见食品的主要安全卫生问题

学习目标

1. 了解粮豆的主要安全卫生问题
2. 了解蔬菜水果的主要安全卫生问题
3. 了解畜肉的主要安全卫生问题
4. 了解禽类的主要安全卫生问题
5. 了解蛋与蛋制品的主要安全卫生问题
6. 了解水产类的主要安全卫生问题
7. 掌握食物中的固有毒素的处理方法

一、粮豆的主要安全卫生问题

(一) 粮豆的主要问题

1. 霉菌和霉菌毒素的污染

2. 农药残留

3. 未经处理或处理不彻底的工业废水和生活污水对农田、菜地的灌溉

4. 常见的仓储害虫

如米象、谷蠹、粉螨、螟蛾。

5. 腐败

(二) 粮豆的安全卫生管理

1. 粮豆的安全水分

粮谷类为12%～14%,豆类为10%～13%。

2. 储藏的安全卫生要求

(1) 防潮、防漏、防鼠、防雀;

(2) 保持清洁卫生,定期清扫消毒。

二、蔬菜水果的主要安全卫生问题

(一) 蔬菜水果的主要问题

1. 微生物和寄生虫卵

2. 有害化学物质的污染

3. 硝酸盐、亚硝酸盐

4. 腐败变质

(二) 蔬菜水果的安全卫生管理

(1) 蔬菜摘净残叶,去除烂根,清洗干净。生食蔬菜水果前应清洗干净。

(2) 蔬菜、水果用冷水浸置10分钟,再用流动水冲洗5分钟左右,可去除农药残留。

(3) 蔬菜和水果的清洗消毒,必须考虑无害。药物消毒可以用漂白粉溶液浸泡,如用5%乳酸浸泡5分钟,或用高锰酸钾溶液浸泡。

(三) 蔬菜水果中的天然有毒物质

1. 氰甙类

杏、桃、李、荔枝等果实的核仁,亚麻籽及其幼苗,玉米、高粱、燕麦、水稻等幼苗及嫩竹笋、木薯中含有氰甙类,水解后会生成氢氰酸,能麻痹咳嗽中枢,所以有镇咳作用,但过量则会中毒,如苦杏仁。用杏仁制菜时,应反复用水浸泡,充分加热,消除其毒性。

2. 皂甙类

皂甙类广泛存在于植物中,特别是豆科类,搅动时会像肥皂一样产生泡沫,因而称为皂甙或皂素。其能破坏细胞,产生溶血作用,对冷血动物毒性极大,但对人畜毒性很小。

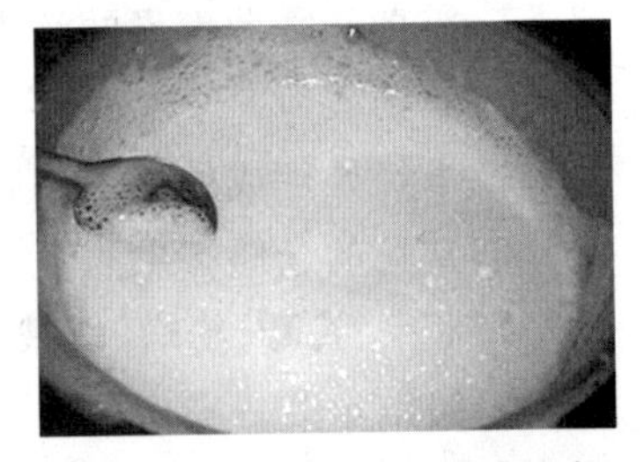
未煮沸的豆浆出现的假沸现象

3. 芥子甙

甘蓝、萝卜、油菜、芥菜等十字花科植物,特别是压榨的豆饼,易水解产生芥子油等有毒物质,会引起皮肤发红、发热,甚至甲状腺肿大等症状。但这些物质大多为挥发性物质,在加热过程中会随蒸汽逸出。

芥菜

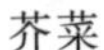

菜籽饼

4. 龙葵素、茄碱

马铃薯由于储藏不当，易引起发芽或发绿而产生龙葵素毒素，食用后10分钟至10小时内会出现咽喉瘙痒、胃部灼烧、恶心等中毒症状。一般烹调方法不能去除该毒素，应将马铃薯放于通风干燥处以防止其发芽，不食用发芽或发绿较多的马铃薯。对发芽少的，则应剔除芽及芽根部位，烹调时加醋，可预防中毒。

5. 秋水仙碱

多存在于鲜黄花菜中，属毒性生物碱。

(1) 最好不吃腐败变质的鲜黄花菜，改食黄花菜干，用水泡发后食用。

(2) 食用鲜黄花菜时应除去长柄，沸水焯烫，再用清水浸泡2～3小时。

(3) 烹调时与其他蔬菜或肉类搭配，控制食用量。

6. 植物凝集素

大豆、扁豆、菜豆等籽实中含有一种能使红细胞凝集的蛋白质。儿童对血凝素较敏感，会引起呕吐、头晕、头痛等中毒症状。故吃豆类时，应充分加热熟透，破坏其中的凝集素。

7. 蛋白酶抑制剂

(1) 豆类、棉籽、花生等植物含有能抑制胰蛋白酶、糜蛋白酶、胃蛋白酶等三种蛋白酶的特异性物质，通称为蛋白酶抑制剂。

预防措施：一定要经过有效的加热钝化后方可食用，方法有如下几种。

①常压蒸汽加热 30 分钟。

②高压锅加热 15～20 分钟。

③用水泡至含水量 60%，水蒸 5 分钟即可。

(2) 蕨类植物全株幼叶、鲜叶中含有硫胺素酶等多种有毒物质，易引起 VB_1 缺乏，这种毒素即使蒸煮、腌渍、浸泡也不能减少。

三、畜肉的主要安全卫生问题

(一) 主要卫生安全问题

1. 肉类屠宰过程

淋浴→电麻→宰杀→倒挂放血→热烫刮毛或剥皮→剖腹→取出全部内脏(肛门及周围组织一起挖除)→修割、剔除甲状腺、肾上腺、明显病变的淋巴结。

2. 肉的腐败变质过程

(1) 僵直：肉非常新鲜，但味道差，肉汤浑浊，不鲜不香，不易咀嚼。

(2) 后熟：肉松软多汁，滋味鲜美，后熟肉的表面形成一层干膜，可防止微生物的侵入。

(3) 自溶：肉呈暗绿色，肌肉纤维松弛，变质程度较轻时，经高温处理后可食用。

(4) 腐败变质：畜肉发黏、发绿、发臭，甚至产生毒素，导致人体中毒。

3. 人畜共患病

(1) 囊虫肉：米猪肉。

预防措施：加强肉品的卫生检验和管理，开展宣传教育，不吃未煮熟的肉。

(2) 旋毛虫病：未经检验的肉品不准上市；改变生食或半生食肉类的饮食习惯；烹调时防止交叉污染，加热要彻底。

4. 情况不明死畜肉

死因不明的死畜肉一律不准食用。

(二) 畜肉的安全卫生管理

1. 保证肉品的卫生质量

畜肉易腐败变质、发生食物中毒，及感染寄生虫病，因此应保证肉品卫生质量，购买家畜肉制品时需检查表明检疫合格的“蓝章”和准予流通的“红章”。

2. 加强肉品的运输销售卫生

运输、销售过程应做到“三防、两分、两挂”，即防尘、防蝇、防晒；生肉与熟肉分开，内脏与肉尸分开；鲜肉挂放，冻肉堆放。

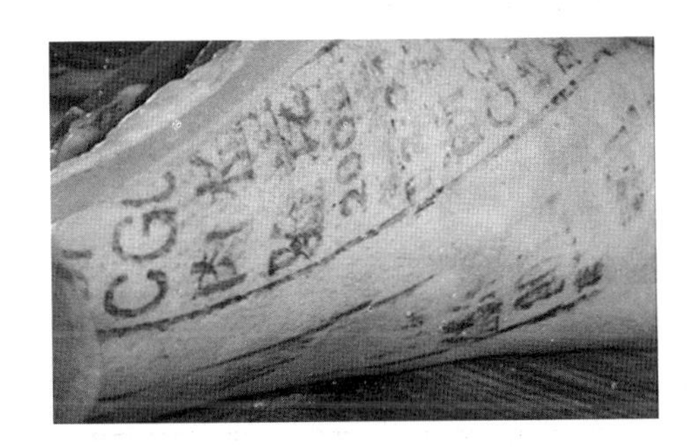

小贴士

新鲜肉与注水肉、冻肉的比较

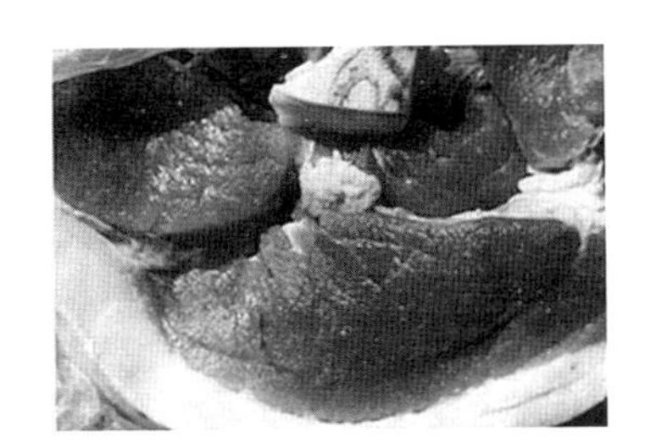

新鲜肉

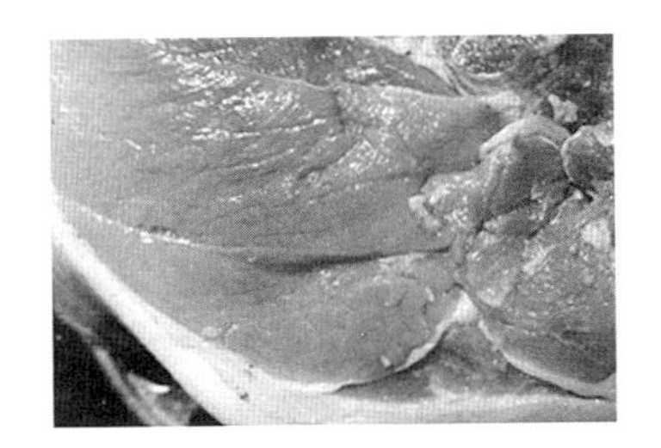

变质(自溶)或注水肉

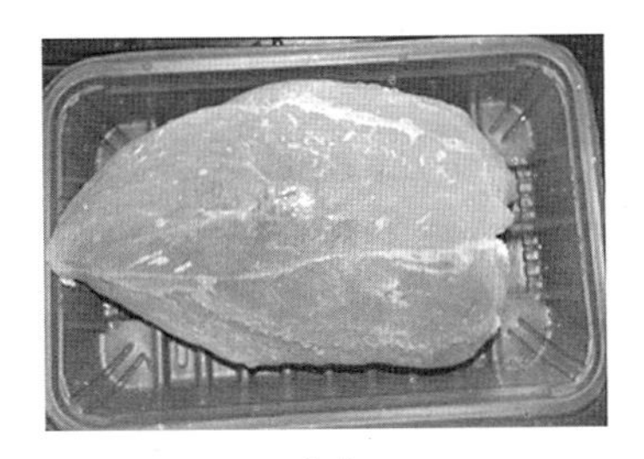

冻肉

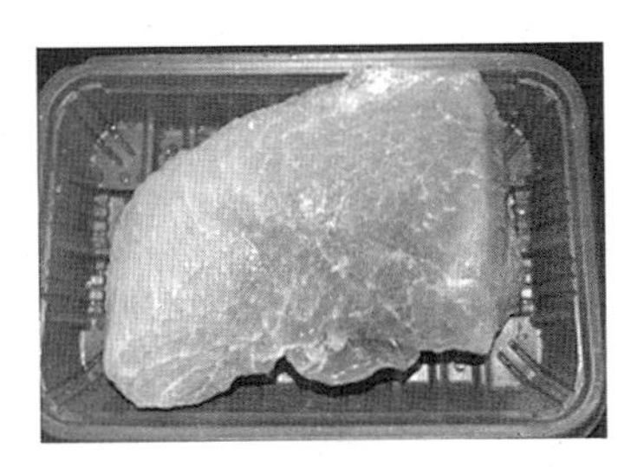

复冻肉

四、禽类的主要安全卫生问题

（一）合理宰杀

吊挂→放血→浸烫（55～65℃）拔毛→排泄腔取出全部内脏。

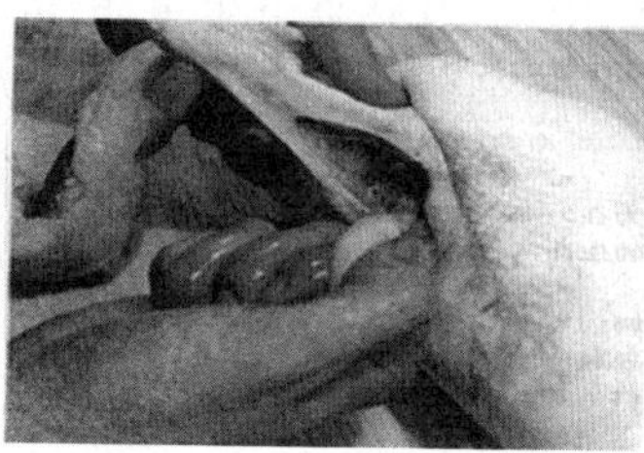
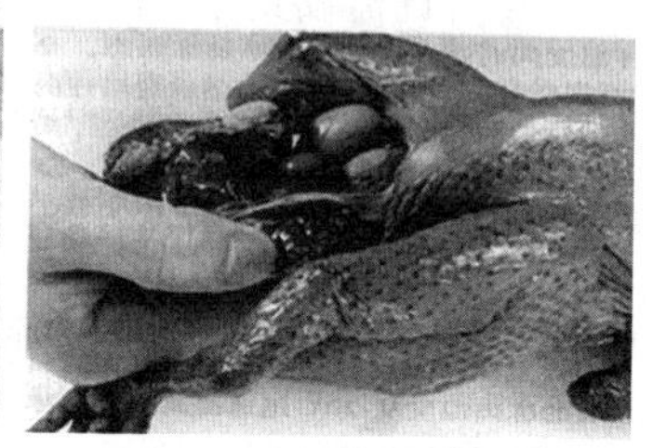

（二）主要卫生问题

微生物污染：致病菌、腐败菌、沙门氏菌、金黄色葡萄球菌、腐败菌等。水禽及其蛋类带菌率高达30%～40%。

（三）禽肉的感官评价

不同新鲜度禽类的感官特点见表1-9。

表1-9　不同新鲜度禽类的感官特点

项目	一级鲜度	二级鲜度
眼球	眼球平坦饱满，冻品或稍有凹陷。	眼球皱缩，晶体稍混浊。
色泽	皮肤有光泽，呈淡黄色、乳白色或淡红色，肌肉切面有光泽。	皮肤无光泽，肌肉切面有光泽。
黏度	皮肤稍湿润、不黏手。	皮肤干燥或黏手，肌肉切面湿润。
弹性	肌肉有弹性，指压凹陷不明显。	肌肉弹性差，指压后凹陷恢复慢。
气味	具有鸡鸭鹅固有气味。	有轻度异味。
煮沸后肉汤	澄清透明，脂肪团聚于表面，具有特殊香气。	稍有浑浊，脂肪成小滴浮于表面，香味差或无香味。

五、肉类与禽类中的天然有毒物质

（一）甲状腺激素

甲状腺是位于气管喉头下部，颗粒状的肉质物，能分泌甲状腺激素，食用未摘除甲状腺家畜的血脖肉，易引起甲亢。

甲状腺激素需600℃以上高温才能破坏。预防甲状腺中毒的方法是屠宰牲畜时应特别注意严格除净甲状腺，防止误食中毒。

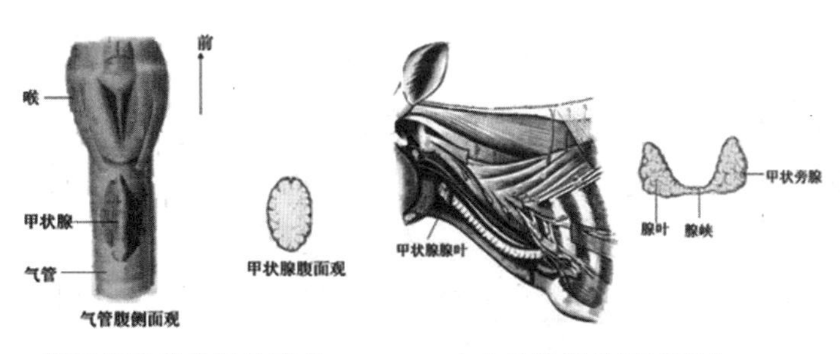

猪甲状腺的位置及形态　　牛状腺的位置及形态

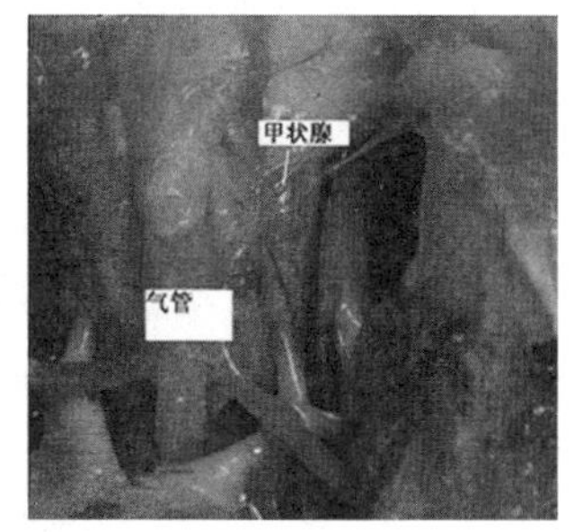

鸡甲状腺

(二) 肾上腺

动物肾上腺能分泌激素，位于肾脏上端，俗称“小腰子”。它能破坏糖代谢和矿物质平衡，人误食后会中毒。预防肾上腺皮质激素中毒的方法，主要是屠宰牲畜时除净肾上腺。

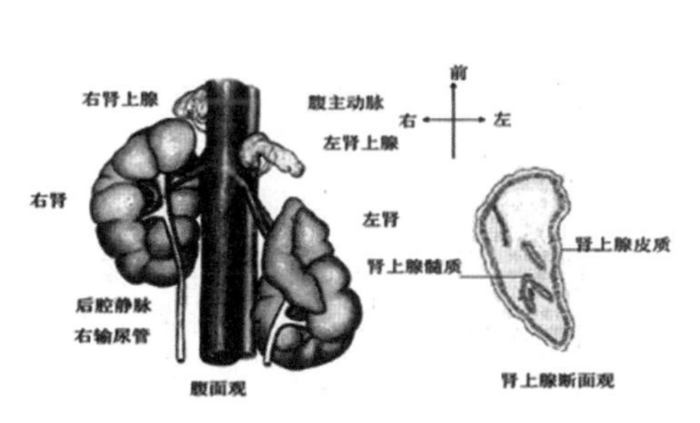

牛肾上腺的位置及形态

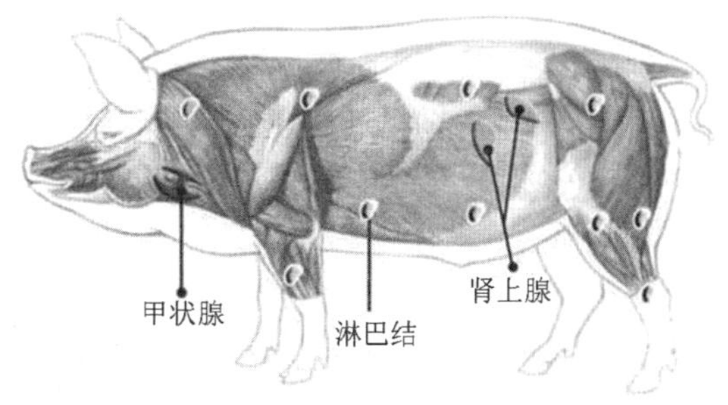

猪肾上腺的位置

(三) 动物肝脏

动物肝脏含有大量维生素，如一次性摄入过多易造成维生素 A 中毒。例如，一次性摄入 200g 鲨鱼肝或 300g 羊肝，可引起急性中毒。应选择健康的动物肝脏，有瘀血、肿大，或肝脏中有白色结节的都不应食用。

(四) 禽类尾脂腺

在鸡、鸭、鹅等禽类屁股背侧分布有两枚尾脂腺，在宰杀过程中应去除。

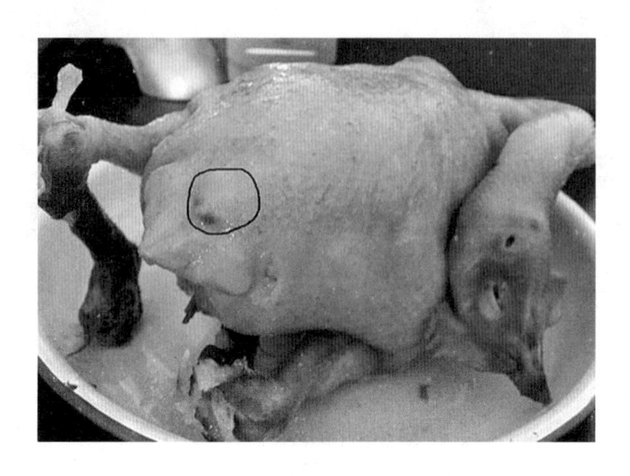

六、蛋与蛋制品的主要安全卫生问题

(一) 蛋与蛋制品种类

蛋与蛋制品包括鸡蛋、鸭蛋、鹅蛋、鹌鹑蛋及其制品，如皮蛋、咸鸭蛋、鸡蛋干。

(二) 禽蛋的安全与卫生问题

1. 腐败变质

蛋在贮存过程中按其腐败程度可分为贴壳蛋—散黄蛋—浑汤蛋—黑斑蛋。浑汤蛋和黑斑蛋不得食用，应予销毁。鲜蛋在1～5℃、湿度87%～97%的条件下可放置4～5个月。

2. 化学性污染

蛋的化学污染物主要来源于农药、饲料添加物等。

3. 受精蛋

胚胎发育时，在其周围会形成鲜红的小血圈，再逐步成为孵化蛋，一经发育蛋的品质就逐步下降。

七、水产类的主要安全卫生问题

(一) 腐败变质

鱼类体表含有一定量的细菌，鱼死亡后，细菌会大量繁殖，出现如眼球下陷、肛门膨出、鳞片脱落、鱼骨分离等。

(二) 寄生虫病

我国水产品中的寄生虫主要有肝吸虫及肺吸虫两种。

预防寄生虫疾病应不吃“鱼生粥”，不生吃泥螺、石蟹、蝲蛄等。

(三) 我国《水产品卫生管理办法》还规定了可供食用的水产品

(1) 已死亡的黄鳝、甲鱼、乌龟、河蟹、各种贝类均不得销售和加工。

(2) 含有毒素的水产品，不得进入市场，如鲨鱼、旗鱼的肝脏，鳇鱼的肝和卵，河豚。

(3) 青皮红肉鱼类必须保证新鲜。

(4) 化学中毒死亡的水产品不得销售食用。

(四) 水产品中的有毒物质

1. 河豚毒素

河豚

河豚毒素是河豚体内一种毒性很强的神经毒素,非常稳定,盐腌、日晒、加热烧煮等方法都不能解毒。发病时间在10分钟至3小时,中毒后无特效解毒剂。

河豚一般都含有毒素,有毒部位主要是卵巢、肝脏、鱼皮、鱼血、鱼肉。在我国禁止出售和食用河豚。

2. 组胺

海产鱼中的青皮红肉鱼类,如鲐鱼、金枪鱼、刺巴鱼、沙丁鱼中组胺酸含量较高。这类鱼容易腐败产生组胺,引起过敏性中毒,主要表现为脸红、头晕、心跳、胸闷等。

预防:

(1) 应购买新鲜的鱼,尽可能加冰保质,鲜度高的鱼体内细菌繁殖尚少,不易产生组胺。

(2) 选择合适的烹调方法,如加醋、雪里蕻、山楂(5%可使组胺下降65%)等烧煮。

(3) 过敏体质者及慢性气管炎、哮喘等患者,以不吃青皮红肉鱼为宜。

枪鱼

鲐鱼

3. 胆毒鱼类

我国主要淡水鱼中青鱼、草鱼、鲢鱼、鲤鱼和鳙鱼的胆有毒,胆毒毒性极大,无论用什么方法(蒸、煮、冲酒等)都不能去毒,而民间流传用鱼胆可清热、明目、止咳、平喘等,因此引发中毒时有发生,甚至引起死亡。

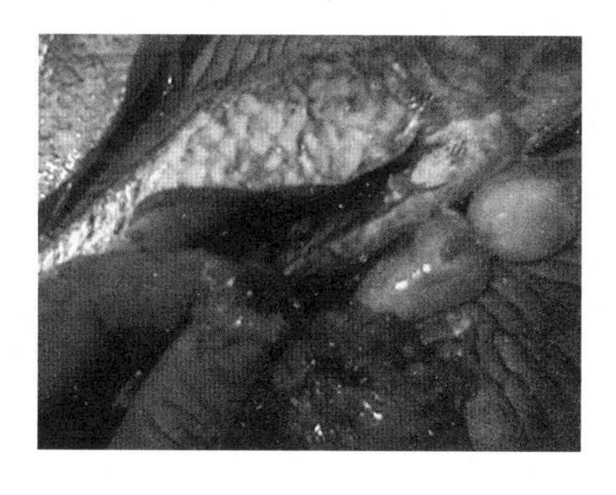

4. 肝毒鱼类

我国常见的扁头哈那鲨、灰星鲨、鳕鱼、七鳃鳗鱼等鱼的肝中有毒。鱼类的肝脏含有多不饱和脂肪酸，与外界的异物结合会形成鱼油毒素，摄食含有鱼油毒素的鱼肝就会中毒。

扁头哈那鲨

鳕鱼

5. 鱼血毒素

鳝鱼血中含有一种叫鱼血毒素的物质，在一般烹调温度下可将其破坏，所以食用烹调熟透的鳝鱼不会中毒。

6. 黑膜

鱼的腹腔壁上都有一层薄薄的“黑膜”，是由于长期被各种有害物质污染而增色的，食用时应去除这层黑膜。

7. 石房蛤毒素

主要存在石房蛤、文蛤、花蛤，及扁足蟹等海蟹中，毒性很强，属于麻痹性神经毒，主要由于贝类受赤潮污染而产生。

扁足蟹

文蛤

第七节　膳食平衡

学习单元一　营养食谱的确定原则

了解营养食谱的确定原则

一、营养食谱的确定原则

根据我国膳食指导方针，结合膳食管理的整体要求，在膳食调配过程中应遵循营养平衡、饭菜适口、食物多样、定量适宜和经济合理的原则。

(一) 保证营养平衡

1. 能量与营养素的要求

膳食应满足人体需要的能量、蛋白质、脂肪，以及各种矿物质和维生素，不仅品种要多样，而且数量要充足。

2. 提供能量的食物比例应适当

膳食中所含的糖类、蛋白质和脂肪是提供能量的营养物质，具有不同的营养功能。粮食作为主食是东方膳食结构的主要特征。粮食所提供的能量不宜低于食物总能量的50%，但也不宜高于65%。动物性食物提供的能量应占总能量的10%～15%，最高不超过20%。即使将来生活水平提高了，动物性食物的生产有了大幅度的增长，动物性食物能量供给量也不宜超过总能量的25%。总之，人们应坚持“五谷为养、五畜为益、五果为助、五菜为充”的中华民族传统的膳食结构。牢记“食不可无绿”“可一日无肉，不可一日无豆”“青菜豆腐保平安”等古训。

3. 蛋白质和脂肪的来源食物构成合理

我国膳食以植物性食物为主，为了保证蛋白质质量，动物性食物和大豆蛋白质应占总量的40%以上，最低不少于30%，否则很难满足人体对蛋白质的生理需要。为了保证每日膳食能摄入足够的不饱和脂肪酸，必须保证1/2油脂来源于植物油。因为植物油中所含的必需脂肪酸一般都在20%以上，这样才能保证摄入的饱和脂肪酸和单不饱和脂肪酸、多不饱和脂肪酸的比例达到平衡。

4. 每日三餐能量分配合理

通常午餐应占全天总能量的 40%，早、晚餐各占 30%；或者早餐 25%～30%、晚餐占 30%～35%。提倡每日四餐：一种是上午加餐，对上午工作时间较长的人，或青少年处于发育阶段，加餐可于早、中餐之间，即课间餐。另一种是晚间加餐，对晚间连续工作或学习 3～4 小时以上，或者工作后睡眠时间已距晚餐 5～6 小时，则需增加夜宵。能量比例占全日总能量的 10%～15%为宜。

(二) 注意饭菜的适口性

1. 讲究色、香、味

饭菜是否适口，很大程度上取决于其感官性状，表现为饭菜的色、香、味、形、器和触觉等方面。

2. 博采众长、口味多样

中国饭菜的烹调以选料考究、配料严谨、刀工精细、调味独特、善控火候、技法多变而见长。

3. 因人因时，辨证施膳

要做到饭菜适口，不仅应讲究饭菜的色、香、味，注意博采众长，增加花色品种，而且还要“审时度势”，因人因时调剂饭菜口味。

(三) 强调食物的多样性，多品种选用食物

营养学上将食物分成 5 大类，其中粮食类、肉类、蔬菜类和水果类食物是每日膳食必不可少的。根据调制饭菜口味的需要，每日膳食中选用的食物品种应达到 5 大类、18 种以上，其中 3 类粮食类食物、3 类动物性食物、6 类蔬菜和菌藻类、2 种水果类食物、2 种大豆及豆制品、3 种食用植物油。

食物搭配科学合理。主食要注意大米与面粉、细粮和粗杂粮、谷类与薯类的搭配，副食首先要注意荤素搭配，主副食混合搭配、集粮食与菜类于一体，是常用的配餐方式，如菜饭、炒饭、包子、饺子、馅饼、面条、米粉等。

(四) 掌握事物定量适宜

1. 饥饱适度

2. 各类食物用量得当

遵循“中国居民膳食平衡宝塔”的内容。

(五) 讲究经济效益

1. 适应消费水平

在膳食管理搭配中必须考虑现实经济状况和开支的承受能力。

2. 权衡食品营养价值和价格

为说明食物价格与营养的关系，并提供选择食物时反映两者关系的指标，可采用“物价—营养指数”表示。“物价—营养指数”是指单位金额(1 元人民币)可以购买的单位重量食物中的营养物质的量。综合比较动物性食物“物价—营养指数”，首推牛乳和鸡蛋，其次是排骨、牛肉、瘦猪肉以及鱼类。鸡肉所含蛋白质等营养成分虽然比较高，但由于可食部分低，价格也较高，因此“物价—营养指数”相对较低。选择蔬菜时，应首先考虑该食物中矿物质、维生素 C 与胡萝卜素的“物价—营养指数”，则以叶菜类最高，尤以小白菜、油菜、芹菜、菠菜、韭菜等较突出，除胡萝卜、白萝卜、番茄、柿子椒外，其他根茎类和瓜果类一般都不高。有些如冬笋，由于可食部位比例低，而价格高，营养含量也不很丰富，所以“物价—营养指数”明显低于其他蔬菜。

学习单元二　营养配餐

学习目标

了解食谱调整与确定的方法与步骤

知识要求

食谱调整与确定的方法与步骤如下。

一、一餐食谱的调整和确定方法

一般选择 1～2 种动物性原料，1 种豆制品，3～4 种蔬菜，1～2 种粮谷类食物。

例如：

主食：米粉（大米 95g），馒头（面粉 100g）。

副食：鱼香鸡片（鸡脯肉 70g、木耳 15g、冬笋 30g、胡萝卜 15g），

银耳扒豆腐（南豆腐 60g、水发银耳 15g、黄瓜 15g），

香菇油菜（水发香菇 15g、油菜 150g）。

二、三餐食谱的调整和确定方法

一般选择 2 种以上动物性原料，1～2 种豆制品及多种蔬菜，2 种以上的粮谷类食物原料。

例如：

早餐：蛋糕、花卷、花生米、腐乳、拌三丝。

中餐：米饭、小枣发糕、红烧鸡翅、木樨肉、香干芹菜。

晚餐：烙饼、二米粥、清蒸带鱼、豆芽菠菜、榨菜丝。

三、多餐食谱的调整和确定方法

应选择营养素含量丰富的食物，精心搭配，以达到膳食平衡。

学习单元三　幼儿食谱的确定

了解幼儿食谱的确定

一、膳食选配的原则

（1）选择营养丰富的食品，多吃时令蔬菜、水果。

（2）配餐要注意粗细粮搭配、主副食搭配、荤素搭配、干稀搭配、咸甜搭配等，充分发挥各种食物营养价值上的特点及食物中营养素的互补作用，提高其营养价值。

（3）少吃油炸、油煎或多油的食品、肥肉及刺激性强的酸辣食品等。

（4）经常变换食物的种类，烹调方法多样化、艺术化。饭菜色彩协调，香气扑鼻，味道鲜美，可增进食欲，有利于消化吸收。

二、食谱确定

例如：4～5岁儿童一周食谱(每人)。

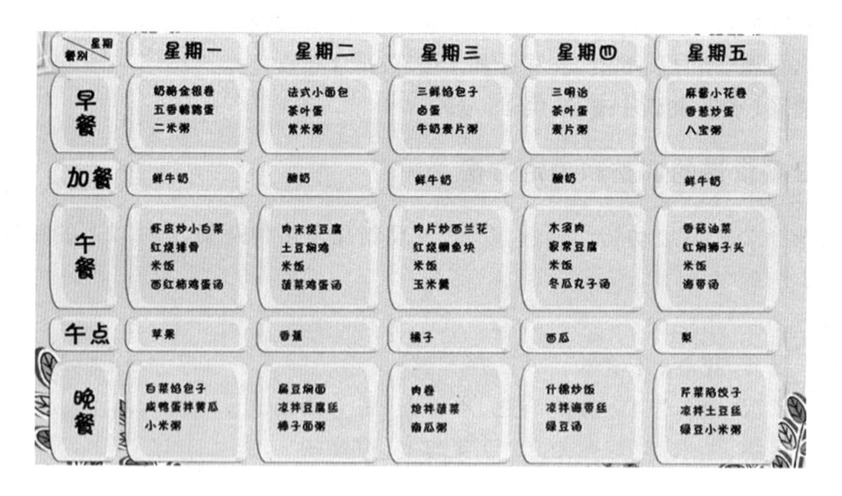

餐别＼星期	星期一	星期二	星期三	星期四	星期五
早餐	奶酪金银卷 五香鹌鹑蛋 二米粥	法式小面包 茶叶蛋 紫米粥	三鲜馅包子 卤蛋 牛奶麦片粥	三明治 茶叶蛋 麦片粥	麻酱小花卷 香葱炒蛋 八宝粥
加餐	鲜牛奶	酸奶	鲜牛奶	酸奶	鲜牛奶
午餐	虾皮炒小白菜 红烧排骨 米饭 西红柿鸡蛋汤	肉末烧豆腐 土豆焖鸡 米饭 菠菜鸡蛋汤	肉片炒西兰花 红烧鲷鱼块 米饭 玉米羹	木须肉 家常豆腐 米饭 冬瓜丸子汤	香菇油菜 红焖狮子头 米饭 海带汤
午点	苹果	香蕉	橘子	西瓜	梨
晚餐	白菜馅包子 咸鸭蛋拌黄瓜 小米粥	扁豆焖面 凉拌豆腐丝 棒子面粥	肉卷 炝拌菠菜 南瓜粥	什锦炒饭 凉拌海带丝 绿豆汤	芹菜馅饺子 凉拌土豆丝 绿豆小米粥

学习单元四　老年人营养食谱

了解老年人营养食谱的确定

一、老年人营养食谱配餐原则

(1) 能量供应合理,体重控制在标准体重范围内。

(2) 适当增加油脂、蛋白质的供应量。

(3) 控制脂肪摄入量,全日不超过 40g,食用动物油要适量。

(4) 不要单一食用精米、精面,每天应食用适量粗粮。

(5) 控制食盐摄入量,全日应控制在 4～6g。

(6) 补充钙、磷和维生素。

(7) 增加膳食纤维的摄入。

二、注意一日三餐(或四餐)的能量分配

全日食物量:牛奶 250g、鸡蛋 40g、鱼肉类 50～100g、谷类 350～400g、豆制品 50～100g、蔬菜 500g、水果 100g、糖 10g、烹调油 10g。

总计:蛋白质 70～80g,脂肪 39g,碳水化合物 362g,总能量 2119kcal。

老年人营养早餐(一)

老年人营养早餐(二)

第八节　家常菜烹饪

学习单元一　家常菜烹饪基础知识

1. 掌握原料搭配知识

2. 掌握刀工的使用

3. 了解切配技术在烹饪中的重要性

4. 掌握配菜技术知识

一、原料搭配知识

(1) 应备有一餐或一日的原料。

(2) 了解制作菜点所需要的各种原料及其数量,并认真核对。

(3) 通过感官核实原料卫生情况。如用手触摸原料,判断其是否变质;用舌头品尝原料,辨别其是否变质。

二、刀工的使用

(一) 刀工在烹饪中的作用

1. 利于烹调

经过刀工处理的烹饪原料(片、丝、丁等),其形状、大小、薄厚、长短规格完全一致,烹调时,可在短时间内迅速而均匀地受热,达到所要烹调的标准。

2. 利于入味

加工后的原料,因其形态一致,薄厚均匀,调味品能很快渗入其内部,对菜肴的烹制成功起到关键作用。

3. 便于食用

整块食物原料不便于食用,将形体大的原料改刀制成各种形状,不但便于烹调,而且便于食用。

4. 利于造型

对菜肴的评价标准是色、香、味、形、质、营养俱全。好的菜肴,不仅味道鲜美,营养丰富,而且外形美观,使人赏心悦目。要做到这一点,就必须具有高超的刀工技术。

(二) 刀工的基本要求

1. 刀、墩达标

刀和墩是运用刀工技术的重要工具。刀必须锋利、刀刃平直,不弯曲,无缺口,刀面光滑明亮,无锈迹。菜墩应表面平整,干净整洁,不可凹凸不平。

2. 运力要准

握刀要牢,腕、肘、臂三个部位配合协调、运用自如,正确的姿势是:一手握刀,另一手食指顶住刀壁,手掌要始终固定在原料和墩子上,以保证上下左右有规律地运刀。

3. 整齐划一

每道菜所用的主料、辅料在形状、大小、薄厚、粗细、长短上都必须整齐划一、均匀一致,否则入味不匀,生熟不一,影响菜肴的卫生质量。

4. 清爽利落

加工的原料必须清爽利落，条与条、丝与丝、片与片之间截然分开，不可“藕断丝连”，似断非断。

5. 看料下刀

以切肉为例，牛肉较老、筋多，应使刀与牛肉的肌肉纤维方向成直角横切，将其筋腱切断，这样熟后肉丝较嫩，便于咀嚼。

6. 协调一致

一般的原则是辅料服从主料，即片配片，丁配丁，丝配丝。

7. 合理用料

在刀工处理时，必须按照烹调的技术要求，使原料得到合理、充分地利用，避免造成浪费。

（三）刀法的种类

1. 切

切的方法有直切、推切、拉切、铡切、锯切、滚切。

2. 劈

劈也称砍，用于带骨的或坚硬的原料，用力较大。

3. 批

用于无骨的脆性、韧性和软性的原料。如榨菜、瘦肉等。

三、切配技术在烹饪中的重要性

原料选定后，要根据菜肴的要求采用不同的刀工进行处理。刀工正确与否，直接影响到菜肴的成熟。因此，掌握切配技术是做好烹饪的重要保证。

烹饪的三个阶段如下。

（一）选料和初加工阶段

选料和初加工阶段是烹调的准备阶段。应遵循以下原则：注意食品卫生；注意保存食物的营养成分；保证菜肴的色、香、味不受影响，既要保证主要原料的完整、美观，也要符合节约的原则。

（二）切配阶段

使原料的品种、数量及经过刀工处理后的大小、薄厚、长短、形状符合所烹饪菜肴的要求。保证定形、定质、定量进行烹饪的阶段。

（三）烹调阶段

烹是原料加热，调是调和滋味，烹调是烹饪的最后阶段。

四、配菜技术知识

配菜是根据菜肴的质量要求，把经过刀工处理的主料和辅料进行合理搭配，使之成为完整的菜肴的方法。

（一）配菜应具备的基本条件

（1）准确掌握营养配餐的基本知识，有能调整菜肴的主、辅原料配比的能力。

(2) 熟悉和了解就餐对象的基本情况和饮食要求。如就餐人数、就餐形式、就餐标准、口味以及禁忌等。

(3) 熟悉和了解原料情况。如原料的性质、质地、营养成分、用途、产地、上市季节。

(4) 熟悉菜肴的名称和制作特点。对每道菜肴的名称、制作特点、用料标准、刀工形态及烹调方法要有一定的了解。

(5) 熟悉刀工技术和烹调方法。

(6) 具有一定的美学知识。懂得构图、色彩搭配等知识。

(7) 具有成本核算能力。对菜肴成本、售价知识的掌握。

(二) 配菜方法

1. 量的配合

每份菜肴的数量多少是由盛装菜肴的器皿大小所决定的。如冷菜盛器是6寸味碟,菜肴重量一般为150～200g。内容上还有以下三种情况:

(1) 配单一料。此种菜肴由一种原料构成,无任何辅料。

(2) 配主、辅料。主料应选择突出原料本身的优点、特色;辅料则对主料的色、香、味、形及营养起调剂、陪衬和补充作用。

(3) 配多种料。此类菜肴不分主、辅料,各种原料的数量应大致相同。

2. 质的搭配

菜肴主、辅料的质地有软、嫩、脆、韧之分,所含营养素也各不相同。配菜的原则是:软配软,如丝瓜豆腐汤;脆配脆,如油爆双脆等。

3. 色的搭配

方法有顺色和花色两种,顺色是使主料和辅料的颜色基本一致,如冬笋肉丝;花色是主料和辅料的颜色差异较大,如木耳菠菜。

4. 味的搭配

味有浓淡之分,如浓厚的蹄髈,清淡的蔬菜。

5. 形的搭配

形的搭配有同形和异形两种。同形搭配的主、辅料的形状、大小、规格必须一致,丁配丁,丝配丝,如炒鳝丝。异形搭配的主、辅料的形状不同,大小不一,如大蒜炒肉片。

学习单元二　家常菜肴制作

学习目标

1. 掌握苔菜拖黄鱼制作
2. 掌握熘黄白蟹制作
3. 掌握梅子肉制作
4. 掌握蘑菇鱼羹制作

5. 掌握葱油中段制作
6. 掌握白灼芦笋制作
7. 掌握苔菜小方烤制作
8. 掌握红烧带鱼制作

一、苔菜拖黄鱼制作

苔菜拖黄鱼

材料：黄鱼300g，干苔菜1把，油、盐、料酒、生姜、大蒜、小葱、红薯粉适量。

（1）苔菜撕开洗净，去除杂质

（2）黄鱼洗净，沥干

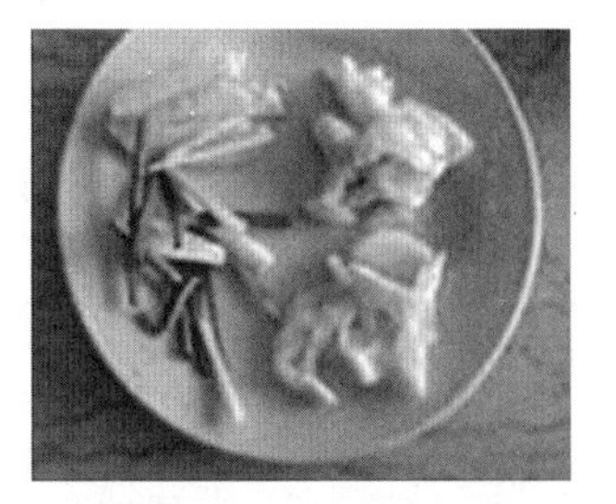

（3）备好辅料

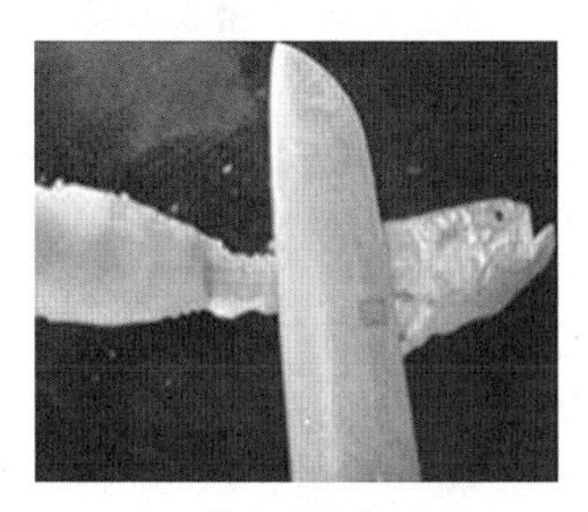

（4）黄鱼剔骨，去皮

（5）鱼肉加入料酒与辅料抓匀，腌制15分钟

（6）调制苔菜糊

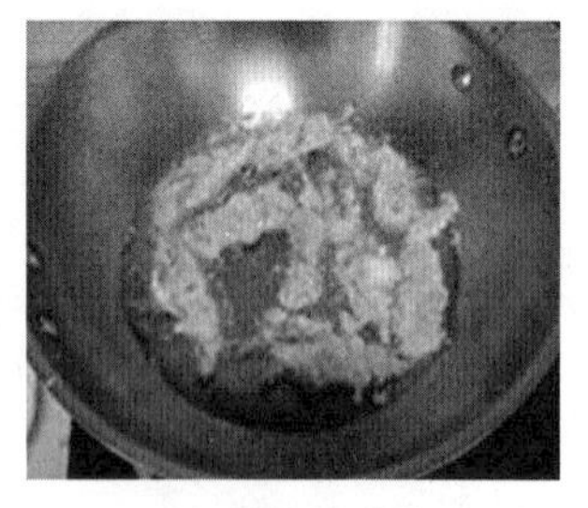
(7) 炸至金黄色

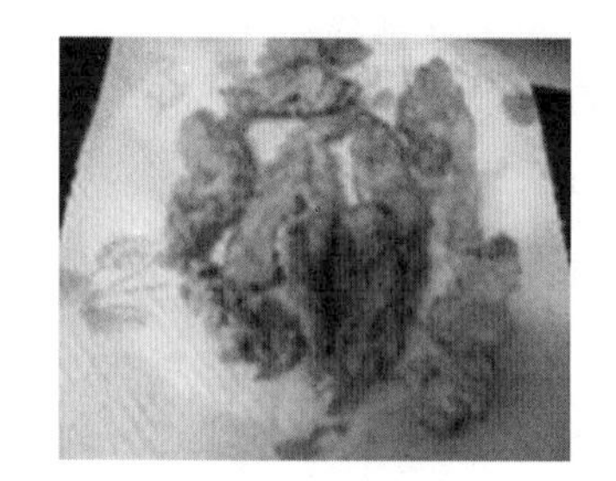
(8) 捞出吸油

二、熘黄白蟹制作

材料：白蟹300g，青椒100g，鸡蛋1个，葱、姜若干，淀粉15g，盐、味精若干，油1kg。

(1) 材料

(2) 白蟹去心、鳃、胃并切块

(3) 干淀粉处理

(4) 配料切片

(5) 五成油温炸至外壳凝固，捞出

(6) 葱姜炝锅，白蟹放水焖烧

(7) 湿淀粉勾芡

(8) 淋蛋液、明油

(9) 熘黄白蟹成品

三、梅子肉制作

材料：猪腿肉150g，豆腐皮60g(8张)，葱、姜若干，绍酒10g，味精、椒盐若干，番茄沙司25g，色拉油1kg。

（1）材料

（2）猪肉切末，与配料腌制30分钟

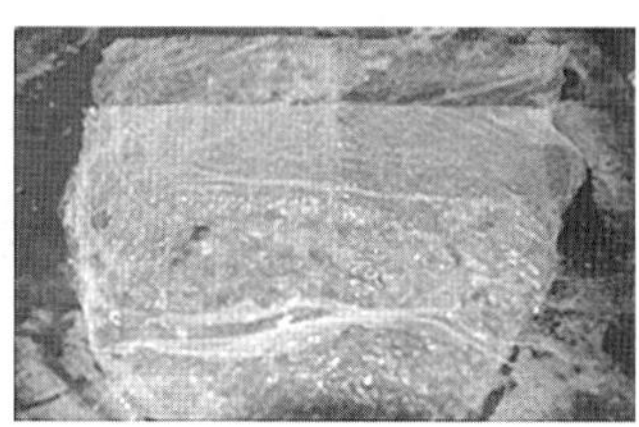

（3）豆腐皮去掉边筋，放入肉末

（4）包卷成长条

（5）切成菱形

（6）三成油温炸至金黄色

（7）梅子肉成品

四、蘑菇鱼羹制作

材料：小黄鱼400g，熟蘑菇100g，笋50g，鸡蛋1个，葱、姜若干，盐、胡椒粉若干，淀粉15g，油15g。

（1）材料

（2）小黄鱼去头去鳍，斜刀切片

（3）配料切成相应形状

（4）沸水焯烫

（5）煸炒葱白、姜丝

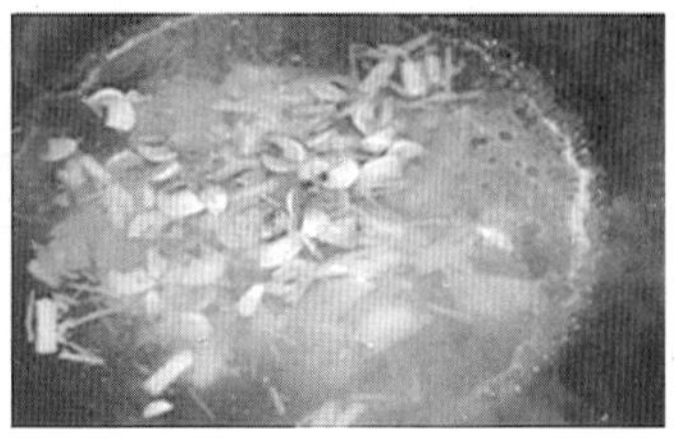

（6）加汤水、盐、酒、蘑菇、鱼块煮熟

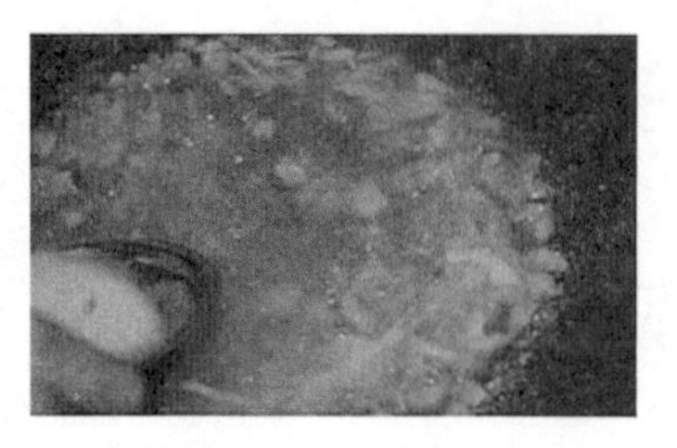
（7）湿淀粉勾芡，淋蛋液、明油

（8）蘑菇黄鱼羹成品

五、葱油中段制作

材料：草鱼中段300g，油30g，味精、盐、酱油、绍酒、葱、姜若干。

（1）材料

（2）中段沿脊骨对开，并剞网状花刀

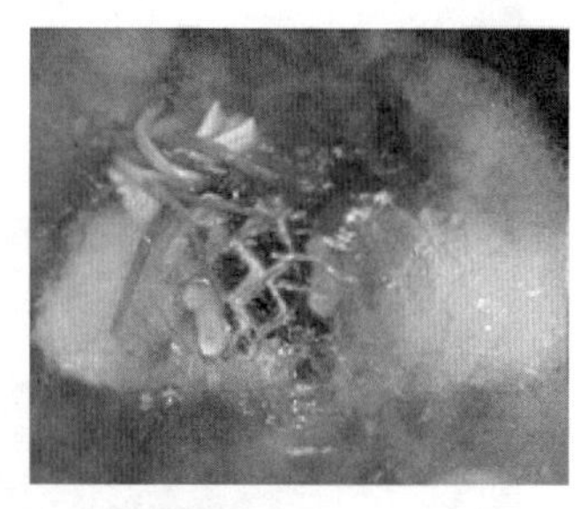
（3）锅中放葱、姜、酒，将鱼煮熟

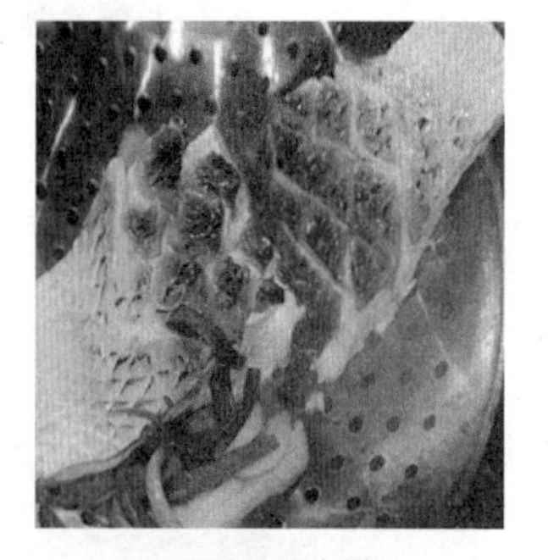
（4）沥干水分

（5）洒上葱花，浇淋沸油

六、白灼芦笋制作

材料：芦笋500g，小米椒1个，盐、味精、油适量，蒸鱼豉油2勺。

（1）材料

（2）水中加少盐、油

（3）沸水氽30秒

（4）冰水过凉

（5）沥干水分

（6）热锅煸炒小米椒

（7）加入蒸鱼豉油，煮沸

（8）芦笋摆盆淋汁

（9）白灼芦笋成品

七、苔菜小方烤制作

材料：猪五花肋肉 600g，干苔菜 25g，葱段 5g，白糖 40g，红腐乳卤 25g，绍酒 25g，酱油 25g，熟猪油 25g，熟菜油 500g。

（1）原料

（2）冷水焯肉，并煮至八成熟

（3）剔去肋骨，切成小方块

（4）热锅煸肉

（5）加入汤汁及调料，收汁

（6）五成热油速炸苔菜

（7）苔菜小方烤成品

八、红烧带鱼制作

材料：带鱼 300g，油 100g，盐、生抽、糖、陈醋、姜、葱、红辣椒适量，香菇 1 个，淀粉 20g。

（1）材料

（2）带鱼两面拍上少量淀粉

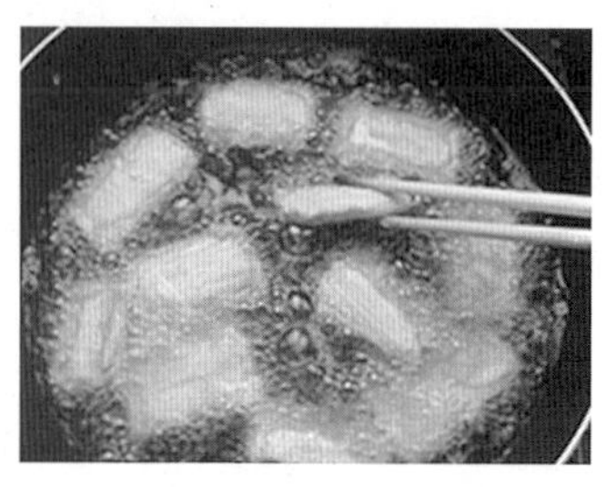

（3）热锅煎至两面金黄

（4）放入葱、蒜、香菇翻炒

（5）加入带鱼及调料

（6）收汁勾芡

（7）红烧带鱼成品

第二章　家居保洁

第一节　家居清洁概述

学习单元一　家居清洁基本要求

掌握家居清洁的基本步骤

房间的清洁与人的身心健康密切相关。房间干净、整齐、舒适、美观能使人身心更加愉悦健康，而空气新鲜则是保持身体健康的基本条件。家居清洁不仅是对居室进行清扫、擦拭、整理，还包括保持室内空气的流通。

一、抹布首先要保证整洁，并分类使用

在进行清洁时，要保证抹布干净整洁，不同用途的抹布要分开使用。同时，抹布应经常洗涤，否则只会越擦越脏。

二、减少室内灰尘的产生

收拾房间，一般应先整理、摆放物品，然后扫地，再擦桌椅家具，最后清洁地面。整理房间时要轻扫轻擦，轻拿轻放，以免尘土飞扬。

三、家具清洁注意事项

(1) 窗户及玻璃光亮洁净，无污渍、无水渍、无手印。
(2) 墙壁无灰尘，灯具、开关盒、排风口、空调排风口无灰尘。
(3) 依次打扫门头、门框、门锁，使门触摸光滑，有光泽，门沿上无尘土。

(4) 地面洁净无尘土,干净有光泽。

四、家具清洁后要将物品放回原位

收拾房间时,物品的摆放应有一定规律,物品要有固定的摆放位置,并摆放整齐。在收拾房间时要注意尊重雇主的生活习惯。

五、整理物品小心谨慎

在进行家居清洁、整理物品时,要轻拿轻放,不要手忙脚乱,避免损坏物品。清洁室内物品时最好不要用鸡毛掸子掸灰尘,应用潮湿的抹布轻轻擦拭。

通过清扫、擦拭、整理三个环节,使居室变得舒适美观,不仅更加有益于家庭成员的身心健康,还能通过对居室各种家具、物品、地面的保洁与保养,延长其使用寿命。

学习单元二　家庭消毒与空气清新方法

学习目标

1. 掌握家庭基础消毒方法
2. 掌握家庭空气清新方法

知识要求

一个家庭有各种生活用品,大小品种有数十件甚至上百件,每件物品在使用过程中都或多或少会有细菌存在,因而我们需要对这些物品定期进行消毒。

一、家庭消毒方法

(一) 通风暴晒消毒

利用日光暴晒消毒是最简单的自然消毒方法之一。太阳光的紫外线有消毒杀菌的作用,多晒太阳对身体有好处,同样对于衣物被服来讲也是如此。虽然随着城市高楼大厦的增多,建筑物密集,日光浴成为一种奢侈,但是我们要注意尽可能多地用暴晒的方法来进行家庭消毒。比如,根据阳光的角度,打开门窗,通过折射或反射作用使阳光进入室内;将被褥与衣物拿到天台放到阳光下暴晒,达到杀菌和消毒的目的。在暴晒时,要把被暴晒物放在日光下直射,衣物与被褥要铺开,并应反复翻动,确保面面晒到。

（二）熏蒸消毒

家庭基础消毒可以采用传统的熏蒸消毒，即使用艾香与卫生香进行室内消毒。在感冒频发的季节还可以采用食醋熏蒸的方法消毒室内空气。方法是：首先将门窗紧闭，按照 $10mL/m^3$ 的标准，将食醋加同等量的水倒入锅内或搪瓷瓶内，放在火上加热、熏蒸。同时应注意熏蒸 30 分钟后开窗通风。

（三）煮沸消毒

煮沸是家庭较常用的消毒方法之一，具有简便易行、消毒灭菌效果可靠等特点，多用于餐具和小件器皿的消毒。煮沸消毒时应用带盖、清洁的金属容器，也可用高压锅。

小贴士

本方法适用于金属、玻璃、陶瓷等，将小件用品放到煮沸的水中煮 10～15 分钟就可达到消毒的目的。煮沸的方法是在煮沸消毒容器内，加入凉净水，放入被消毒物品，然后加热，从水开始加热计算时间，一般煮 30 分钟。

（四）微波消毒

对于日常用品也可采用微波炉进行消毒。方法是：打开微波炉，放入被消毒物品，定在高火位置，两分钟后取出，就可起到消毒的作用。

（五）化学制剂消毒

利用消毒液消毒也是家庭中经常使用的方法。要根据消毒液的使用说明进行消毒，将消毒液倒入水中，用抹布擦拭家具及卫生间用具等。

二、空气清新方法

（一）居室通风换气

首先居室内应经常保持空气流通，使室外的新鲜空气充分地流入室内。

通风换气要根据房间条件与气温情况灵活掌握，但开窗时间一般不少于 20 分钟。夏天门窗要经常打开，冬天千万不可因天冷或怕风而长时间关闭门窗。尤其是人口较多的居室更要注意通风换气。如果家中主人或招待的客人需要吸烟，那么要及时打开窗户，减少烟雾在室内停留的时间。

（二）空气清新剂法

直接在有异味的房间内喷洒空气清新剂，就能够使室内的空气清新，消除房间内异味。

（三）除臭清香剂

除臭清香剂一般在卫生间内使用，能够消除卫生间内异味。

（四）植物清新法

此法多用于新装修的房间。因新装修的房间多会有甲醛的味道，此时可以采用植物来进行空气清新，同时也可以用一些专用喷剂，喷在油漆背面，能中和甲醛味道。

学习单元三　清洁剂性能和使用方法

学习目标

1. 掌握酸性清洁剂的功效、种类
2. 掌握中性清洁剂的功效、种类
3. 掌握碱性清洁剂的功效、种类

知识要求

清洁剂是增强清洗效果的重要工具，但因其属于化学品，使用时必须选择与清洁剂的化学性质相适应的方法，才能使其达到增强清洗的效果。清洁剂的基本类型包括酸性清洁剂、中性清洁剂和碱性清洁剂三种。

一、酸性清洁剂

酸性清洁剂主要用于卫生间的清洁。酸性清洁剂具有一定的杀菌除臭功效和一定的腐蚀性，能中和尿碱、水泥等顽固污垢。酸性清洁剂通常为液体，也有少数为粉状。禁止在地毯、石材、木器和金属器皿上使用酸性清洗剂。酸性清洁剂包括柠檬酸、醋酸、盐酸、草酸、硫酸钠、马桶清洁剂、洁厕剂、消毒剂、防尘剂、化泡剂、洗石水、漂白水、水泥柔化剂、洁瓷灵。

(一) 草酸、硫酸钠、马桶清洁剂

使用方法：将其进行稀释，直接喷洒于需要清洁的地方，然后擦拭或放水冲洗干净即可。

小贴士

因酸有腐蚀性，使用不当会对使用者的肌肤及物品的表面造成损伤，对不锈钢与大理石表面会造成损伤，应慎用。同时通常要稀释后使用，并减少用量，最后要用清水漂洗。

(二) 84 消毒液

这种消毒液主要呈酸性，除可用于卫生间的消毒外，还可用于各种餐具杀菌、消毒、清洁去污和清除异味等，用后请用清水冲洗。

酸性清洁剂的品种很多，功能也略有差异。使用前要特别留意说明书，最好先做小面积试用，得到认可后才可大面积使用。

二、中性清洁剂

中性清洁剂具有除污保洁的功效，配方温和，不会腐蚀和损伤任何物品，主要用于清除日常轻度水溶性和油溶性污垢。中性清洁剂有液体、粉状和膏状。中性清洁剂包括多功能清洁剂、中性与全能清洁剂、全能消毒水、玻璃清洁剂、地毯水、底蜡、面蜡、铜亮剂、碧丽珠、不锈钢清洁剂、洗洁精等。

小贴士

中性清洁剂无法或很难去除集聚严重的污垢。

(一) 全能清洁剂

其可快速清除油污、污垢和斑渍，如厨房用具、家庭电器、抽油烟机、镜面、瓷砖、沙发、地板等表面清洗。

使用方法：视污渍轻重，确定兑水比例，稀释 1∶40 倍。

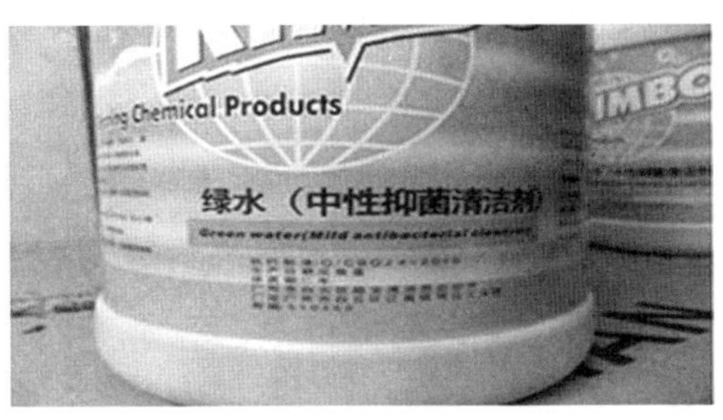

(二) 玻璃清洁剂

其能迅速消除玻璃上的油渍、尘埃、雨渍及手指印等污垢，使表面光滑、明亮。擦后不留痕迹，减少附着。玻璃清洁剂主要适用于窗户玻璃、窗框柜、镜子、瓷砖及电器表面。

使用方法：将其按照说明稀释后，喷射适量到要清洁的物体表面，用软布擦，直到擦干净为止。

(三) 不锈钢保养剂

本品专用于不锈钢表面的清洁和保养，能去除不锈钢表面的油污、尘垢、指印、烟垢与斑纹，使之清洁明亮，保持不锈钢制品的光泽。

使用方法：直接喷不锈钢保养剂于干净布上，在不锈钢表面来回抹拭。

三、碱性清洁剂

碱性清洁剂对于清除油脂类污垢和酸性污垢有较好效果，但在使用前应稀释，用后应用清水漂洗，否则时间长了会损坏被清洁物品的表面。碱性清洁剂的形态有液体、乳状、粉状和膏状。碱性清洁剂有化油剂、地毯水、绿水、起蜡水、洗衣粉与去污粉。

四、其他

除去上述三种主要清洁剂，目前还出现了较多集清洗与保养于一体的清洁养护用品。我们可以在日常清洁中合理使用下列用品。

（一）典雅家具亮洁剂

这种亮洁剂能够彻底清洁各种木制家具的灰尘、印记和各种家居的常见污迹，能清洁、擦亮、护理精致木质家具，并能增添木制家具的光泽度和光滑度，能修复家具表面细小的刻痕和擦痕。

使用方法：用干净软布蘸其擦洗物体的表面，或用喷雾瓶喷到需清洁的家具上，再用干净布擦干净即可。

（二）皮革保护液

皮革保护液的成分主要为碧丽珠，能去污、防尘、护理、上光，可用于高档家具、皮具的清洁，能使皮具柔软，是日常护理皮具的理想护理剂。

使用方法：使罐子直立，距离物体表面15～20cm处轻喷后，再用柔软干净布擦拭，直至干净为止。

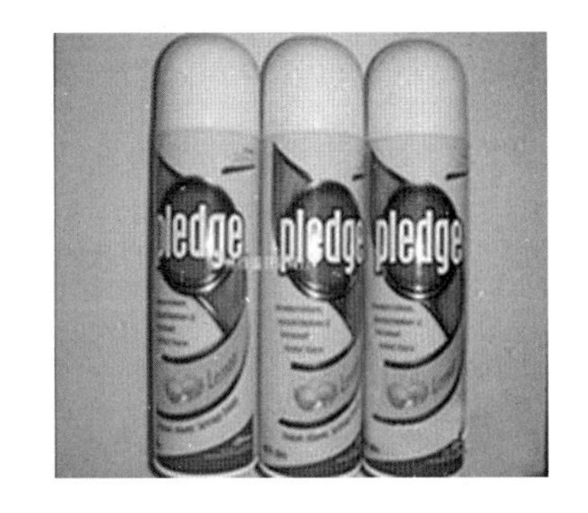

（三）皮革亮洁剂

这种亮洁剂是一种乳剂配方，能有效去除灰尘和污垢，不留划痕，且防水，能使真皮、人造革和塑料保持润泽光亮，同时也不会使皮革干燥和龟裂。

使用方法：涂到干净软布上，对物体进行擦抹，边涂边抹直到干净为止，如果是罐装品，将罐身直立离物体表面 15～20cm 喷洒后，再用软干净布推进式擦拭干净即可。

（四）清洁护理地板蜡

清洁护理地板蜡能够使地板光亮、防潮，延长地板的使用寿命。它能将清理与护理一次完成，防止摩擦划痕，防蛀。同时操作简单，不需打磨，自然光亮。

使用方法：可直接将本品倒在地板上，用湿布均匀涂擦，自然风干后不用打磨。也可将本品倒在干净软布上，在地板上擦抹均匀。

小贴士

为了有效地使用清洁剂，充分发挥其功能，减少浪费，并提高清洁保养工作的安全性，要注意以下事项。

1. 适当选择

应根据被清洁物不同的化学性质、用途及卫生要求，选择合适的清洁剂，达到清洁保养的要求。

清洁剂在首次使用前应先在小范围内进行试用，效果良好的才可以在大范围内使用。

2. 擦洗干净

清洁剂多加有酸、碱、有机溶剂。作业后，必须立即采用水擦、干擦等方法，尽可能将清洁剂成分除去。如果被清洁面上留有清洁剂成分，容易黏附污垢。

3. 保护意识

清洁剂含有多种化学成分，尤其碱性、酸性强的清洁剂不能和皮肤经常接触。如果赤手使用，对皮肤的伤害性极大，容易使手变得粗糙，严重时会引起皮炎。因此，使用清洁剂时一定要戴橡胶手套。万一沾在皮肤上或溅入眼睛内，应立即用大量清水冲洗干净。

学习单元四　配制消毒液及注意事项

学习目标

1. 掌握配制84消毒液的方法
2. 掌握配制消毒液的注意事项

知识要求

日常使用的消毒液配制方法，基本上都是根据产品说明书严格进行稀释配制，在此主要叙述84消毒液的配制方法。

一、84消毒液配制方法

40mL84消毒液，1960mL水，配制2L的1000mg/L含氯消毒液。

60mL84消毒液，1940mL水，配制2L的1500mg/L含氯消毒液。

80mL84消毒液，1920mL水，配制2L的2000mg/L含氯消毒液。

二、配制消毒液时的注意事项

（一）配制消毒液前，要仔细检查消毒液

仔细查看消毒液的使用日期，看是否在使用日期内。

（二）调制适当的浓度

目前市场上各种清洁剂都是浓缩液。在使用时要严格按照使用说明进行稀释和配制，以免浓度过大造成家具的损坏或浓度过小达不到清洁剂使用的目的，并需要确保安全使用。

（三）温水稀释

在一定温度限制条件下，温度越高，构成清洁剂的表面活化性越强，去污作用也就越强，污垢越容易被去除。市场销售的清洁剂，一般在常温下即可发挥作用，但如果使用40℃左右的温水，效果将更好。

（四）配制消毒液的容器用后必须刷洗干净

操作人员配制好消毒液后，要及时使用。使用方法采用喷、洒、浸、泡等，使消毒液与设备、设施与工器具等充分接触，接触时间不低于规定要求，然后用水进行冲洗，冲掉残留消毒液方可使用。消毒完毕后所使用的消毒工具均应清洗干净，妥善保管，以便下次使用。地面消毒池不使用时要放掉残液，冲洗干净。

小贴士

在进行消毒和刷洗容器时，一定要做好个人防护。

第二节　客厅用品养护

在家居保洁中，除了对家居的基本清洁之外，还需要对一些较为贵重的家居用品进行保养，才能使这些家居用品长久地保持其原来的光彩，并且延长其寿命。

学习单元一　不同材质沙发、地毯、家具、地板养护用品基本知识

学习目标

1. 掌握家居蜡的种类及适用地点
2. 掌握家居油类养护品的种类

知识要求

要想科学合理地对不同材质的沙发、地毯、家具和地板进行养护，首先必须掌握这些养护用品的基本知识。

一、家具蜡

（一）快速护理蜡

它是以清洁和简单护理为主要功能的家居养护产品。此类产品大多为液体，并且多为喷雾设计，好用、便宜，消耗量大。特点是经济快捷，但产品中含水，保护的同时又会腐蚀。快速护理蜡适合地板、家具的清洁型日常养护。

（二）传统护理蜡

传统护理蜡是以石蜡和石油蒸馏物为主要成分。传统护理蜡多含各种溶剂，会影响室内空气质量，长期使用会影响实木的材质，不推荐家庭木器的使用，但价格便宜。

（三）合成蜡

它是在传统护理蜡中加入不同特性、不同纯度和不同比例的高分子聚合物形成的。因而上述因素是决定蜡品质和成本的主要依据。合成蜡的优点是成膜效果好，表面密封和保护作用强，适合于金属、石材、强化复合地板的表面保护。合成蜡的缺点是成膜的同时，阻挡了木材和空气的接触，降低了木质纤维的活化，不能起到“滋润”实木的作用，适合用于窗台与门厅等恶劣环境的木器。

（四）天然蜡

目前，天然蜡中最常见的草本成分是巴西棕榈蜡和蜜蜂蜡，其特点是环保，渗透力强，养护滋润功能强。天然蜡适用于各种实木地板、家具，可维持木材的弹性和鲜活。

（五）顶级天然蜡

顶级天然蜡就是在纯天然成分的基础上，加入纯天然植物香料，在对木器进行养护的同时，也调节了生活气氛，给人带来具有天然香味的居室环境。顶级天然蜡适用于家庭私密空间。

二、油类养护品

油类养护品主要有橙油、橄榄油和桐油等。油类养护品可以深入渗透，并与木材完全融为一体，不会改变木材的天然特性。涂刷后的木材纹理得以强调，木材的天然质感得到充分体现，对人体、动物以及植物没有任何危害。

桐油

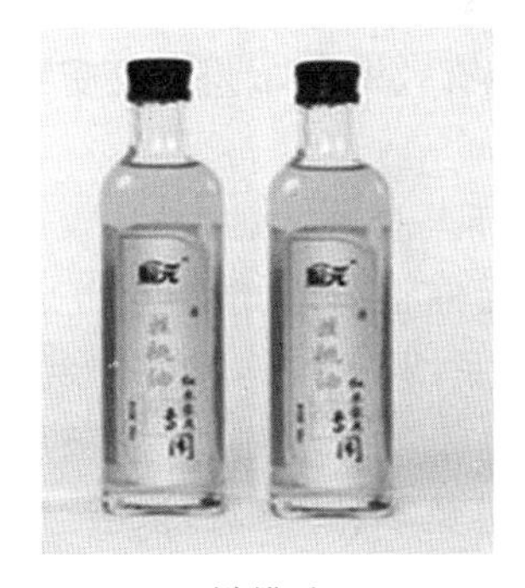
橄榄油

橙油

学习单元二 不同材质沙发、地毯、家具、地板养护要点及方法

学习目标

1. 掌握不同材质沙发的养护要点及方法
2. 掌握不同材质地毯的养护要点及方法
3. 掌握不同种类家具的养护要点及方法
4. 掌握不同种类地板的养护要点及方法

知识要求

一、沙发养护

（一）布艺沙发养护

1. 布艺沙发的保养要点

布艺沙发有很多种类，如绒类沙发、纯棉沙发、混纺沙发、麻布沙发，不管哪种沙发，布艺沙发的养护要注意以下四点。

(1) 油污

布艺沙发买回后，最好先喷一次布面保洁剂，防止脏污的油水吸附。例如，市面上的矽酮喷雾剂，具有防尘、防油污等效果，可每个月喷一次，能有效避免布艺沙发受到油污的影响。

(2) 灰尘

沙发的扶手与坐垫易脏，又比较难进行清洁，应该在上面铺上好看的沙发巾或大号毛巾。沙发的扶手、靠背和缝隙须经常除尘，一般一周一次比较好，使用吸尘器时，不要用吸刷，以防破坏纺织布上的织线，而使布变得蓬松，更要避免以特大吸力来吸，以防织线被扯断，可考虑用小的吸尘器来清洁。

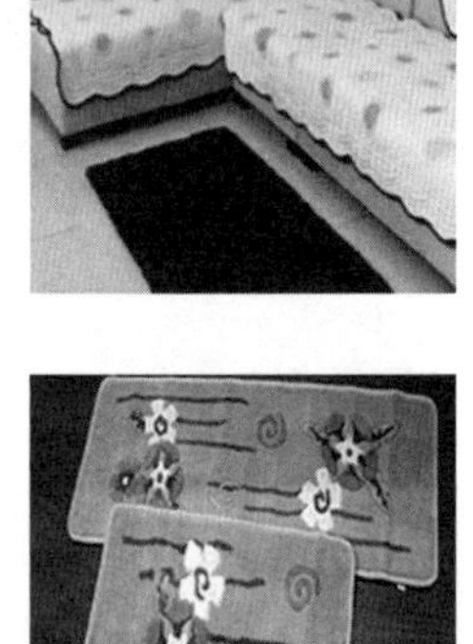

(3) 表面磨损

为延长面料的使用年限，沙发垫子可翻转换用，应每周翻转一次，使磨损均匀分布，或使用护罩或抽纱头垫，减轻对布面的直接摩擦和沾污。其次，布艺沙发坐久起毛球，应该用小剪刀去除。如果发现松脱线头，切忌用手扯断，应用剪刀整齐地将之剪平。

(4) 避免阳光的直射

阳光直射容易导致沙发褪色。同时，布艺沙发应该远离热源。

2. 保养方法

(1) 绒布沙发保养

绒布沙发的保养可用干净毛刷蘸少许稀释的酒精扫刷一遍，再用电吹风吹干。如遇上果汁污渍，用少许苏打粉与清水调匀，再用布蘸上擦抹，污渍即可清除。

(2) 纯棉沙发保养

由于棉质布料比较脆弱，因而在清洗时须用低温水清洗，尽量不要用洗衣机，也不可使用漂白剂清洗，以免褪色。纯棉沙发套用洗衣机清洗后易起毛球，应该用小剪刀去除。

(3) 混纺沙发保养

混纺布艺是棉料与化纤材料的混纺，可以呈现出或丝质、或绒布、或麻料的视觉效果。对于混纺类的布艺沙发则可以直接放进洗衣机水洗，这是最容易保养的一种布艺沙发。

(4) 麻布沙发保养

由于麻布沙发布料表面有缝隙，需要经常吸尘。为了尽量避免缩水，建议送专门的洗涤店干洗。

(二) 皮质沙发

1. 皮质沙发的保养要点

(1) 保证居室通风、远离热源。过于干燥或潮湿都会加速皮革的老化。皮革沙发不要放在阳光能直射到的地方，也不要放在空调直接吹到的地方，这样会使皮面变硬、褪色。

（2）不用肥皂水、洗洁精、护理蜡等对皮质沙发进行清洁和保养。肥皂水、洗洁精等清洁产品不仅不能有效地去除堆积在皮质家具表面的灰尘，还具有一定腐蚀性，因而会损伤家具表面，让家具变得黯淡无光。同时如果水分渗透到沙发里的木头里，还会导致木材发霉或局部变形，缩短使用寿命。

（3）不要剧烈摩擦，以免造成表面材质的磨损。

2. 皮质沙发的保养方法

皮质沙发的养护，除了要注意以上要点之外，还要做好日常保养和定期保养工作，才能使皮质沙发历久弥新。

（1）日常保养

步骤一：用清水湿毛巾，拧干后抹去沙发表面的尘埃以及污垢，对于靠背、扶手与座面交接处与缝隙的杂物，可用吸尘器清洁。

步骤二：用护理剂轻轻擦拭沙发表面一至两遍（不要使用含蜡质的护理品），这样可在真皮表面形成一层保护膜，使日后的污垢不易深入真皮毛孔，便于清洁。

抹去尘埃及污垢 → 护理剂擦拭

小贴士

在清理漆面上的灰尘时，禁止使用湿布、硬物或酸碱性等化学物品接触面料，以免影响表面质量和使用周期，也不要用化学光亮剂擦拭。可在掸掉灰尘后，用软布轻轻擦拭。

（2）定期保养

皮革表面分布有毛孔，如同人体皮肤保养一样，要分干湿季节来保养。干燥季节每2个月清洁上油一次，平常季节可3～4个月保养一次。具体步骤如下。

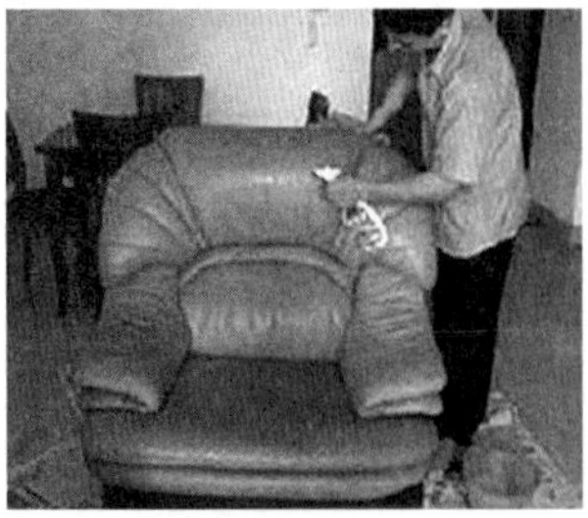

步骤一：用干净软布擦净沙发表面。

步骤二：皮革面料可用皮革清洁剂或上光剂均匀涂擦表面，稍后再用干净软布擦匀清洁。

步骤三：待全干后使用适量的皮革保养剂，均匀擦拭即可。

软布擦净沙发表面 → 皮革清法剂或上光剂涂擦 → 皮革保养剂擦拭

小贴士

用香蕉皮的内侧擦拭皮质沙发后，再用干抹布擦一遍，能使其恢复原有的光泽。

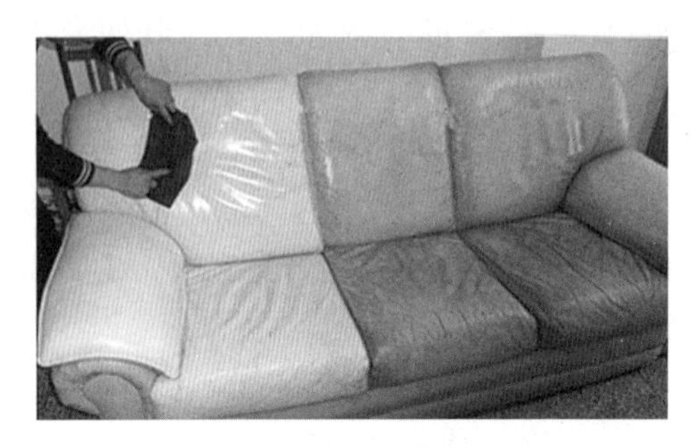

3. 案例学习：真皮沙发保养

王阿姨是个优秀的家务助理员，样样干得都很出色，但唯有一样真心觉得不好做，那就是真皮制品的养护。

分析：真正的真皮制品，养护起来是非常容易的。

真皮制品养护需要注意以下两点：

(1) 使用过半个月后是首次护理最佳时机。此时，真皮内部的纤维舒展、水分排出，有足够的缝隙与空间吸收养分。

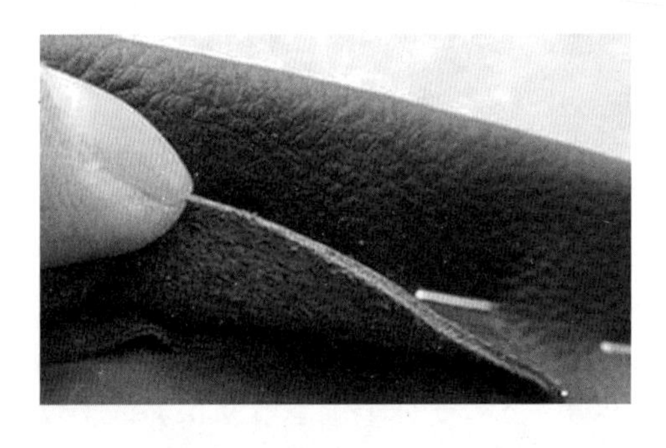

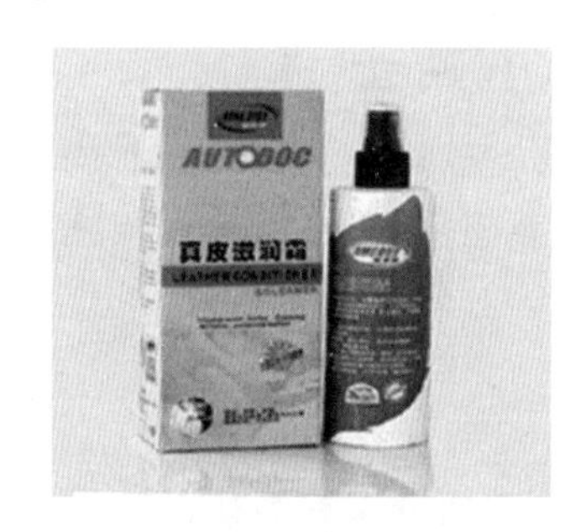

(2) 用真皮滋润霜养护，将首次护理做到位。最先进的真皮滋润霜是天然植物成分的，使用时务必让真皮充分地吸收。首次护理做得越到位，吸收得越充分，将来的护理就事半功倍了。之后，只要发现真皮制品表面脏了，就用真皮滋润霜清理一下即可。

(三) 木质沙发

1. 木质沙发保养的要点

(1) 由于木材表面的漆膜不宜过厚，因而对漆膜的保养是木家具使用长久的关键。不要用粗硬的抹布擦拭木质家具，最好使用柔软的毛巾擦拭。不要用含酸、碱、盐的溶液浸泡木质家具表面。不要让热茶杯、烟头、电熨斗等接触木质家具表面。

(2) 平稳放置，保护榫眼结构。

(3) 避免暴晒，远离热源，以防变形。

(4) 不用湿抹布擦拭，注意防潮防霉，发生皲裂。

2. 木质沙发的保养方法

漆膜表面经过磨耗会变薄，因而在使用半年时间后，应涂饰一层家具保护蜡。

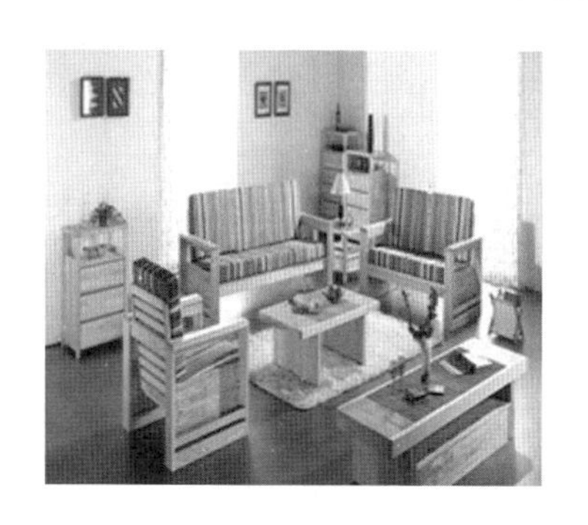

具体操作步骤如下。

步骤一：根据木质沙发清洁步骤，做好基础清洁。

步骤二：将上光蜡涂在一个干净的白色软布上，最好是纯棉等天然纤维。

步骤三：顺着木材纹理的方向将上光蜡擦到家具上。用软布的另一面，或用另一块软布擦掉家具表面多余的上光蜡。

做好基础清洁 → 上光蜡涂软布上 → 涂蜡擦到家具上 → 擦掉多余的上光蜡

切记上蜡过程要避免过度摩擦，过度摩擦是有害于无光层的，严重时会导致家具表面光泽不均匀。

小贴士

1. 每年换季的时候对木器进行深层保湿，效果最明显，能将水分一直维持在最佳水平，但不要在阳光下或者阴雨天进行保养，养护过程中给予木器一个合适的吸收过程。

2. 对于严重缺水的木器，不妨在干燥的季节多做一次养护，如果发现已经有局部的裂纹或者龟裂，可以借助小工具将养护品挤入裂纹内部，避免其继续扩大。

二、地毯养护

地毯保养的要点如下。

(1) 尽量避免阳光直射，以免造成地毯褪色，影响整体视觉效果。

(2) 定期除尘，每周用吸尘器或者毛刷沿着顺毛方向清扫一次。

(3) 局部污物应立即用湿毛巾等吸水性较强的毛巾蘸地毯专用洗涤剂擦拭，注意

不要将洗衣粉、清洁剂、化学药品等溅落在地毯上。

(4) 保持室内干燥,以防地毯受潮生虫,若地毯需要暂时存放时,可在地毯面撒一些防虫剂,将地毯向内卷起,用当时购买时特制包装袋封好,放置在通风干燥处。

(5) 地毯铺用一段时间后,最好调换一下位置,使其磨损均匀。如地毯出现凹凸不平时要轻轻拍打,或用蒸汽熨斗轻轻熨烫,使其保持平整。

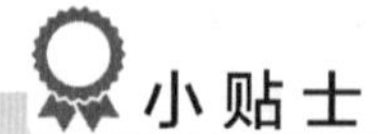

地毯压痕消除方法

由于家具或其他物品的重压,地毯会形成凹痕,影响美观。此时可以将浸过热水的毛巾拧干,敷在凹痕部位5～10分钟,然后移去毛巾,用电吹风和细毛刷,边吹边刷,即可使其恢复原状。

三、家具养护

(一) 藤艺家具

1. 藤艺家具的保养要点

(1) 避免阳光直射,避免靠近火源、热源,以免失去藤的弹性及光泽。

(2) 避免用水清洗,保持通风,避免受潮变形,防虫蛀。

(3) 防灰尘。藤器在养护过程中不易清洁,因此藤器最怕灰,平时表面灰尘可用沾湿的柔软抹布擦拭(步骤详见初级本)。藤器缝隙之间的灰尘可用油漆刷或吸尘器清理,不可使用会破坏藤质家具表面的清洁剂或溶剂进行擦拭。

2. 藤质家具的保养方法

步骤一：对藤质家具做好基础清洁处理。

步骤二：清洁晾干后，涂上一层蜡，既光洁又可起到保护作用。

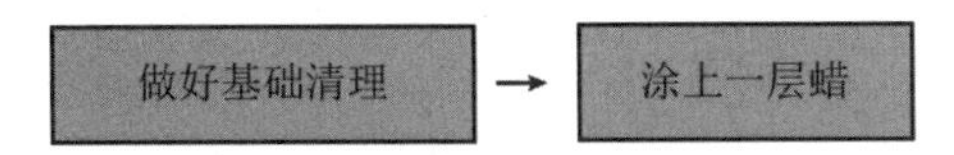

（二）实木家具

1. 实木家具的保养要点

（1）防霉变和干裂

实木内含有水，空气湿度过低时实木家具会收缩，过高时会膨胀。摆放时应该注意，不要放在过于潮湿或者过于干燥的地方，比如靠近火炉、暖气或阳光直射等高温高热处，或者过于潮湿的地下室等地方，以免产生干裂或霉变等。

（2）防灰尘

一般用红木、柚木、橡木、胡桃木等制作的比较高档的原木家具都有精美的雕花装饰，如不能定期清洁除灰，细小缝隙中容易积灰影响美观，同时灰尘更是让木质家具迅速“变老”的杀手。

（3）保持滋润

木质家具的滋润不能靠水分来提供，即不能光用湿漉漉的抹布简单地擦拭。在擦拭过程中滴入专业的家具护理精油，可锁住木质中的水分，防止木质干裂变形，同时滋养木质，由里到外令木质家具重放光彩，延长家具的使用寿命。

（4）防虫蛀

常放些卫生球或樟脑精块在木质家具附近，不但可以防衣物被虫蛀，还可以免除蛀虫对家具的“蚕食”。若发现有虫蛀的现象，可将大蒜削成小棒状塞进蛀孔，并用泥子封口，可将蛀虫杀死于洞中。

2. 实木家具的保养方法

实木家具是木质家具中较高档的一种，在保养中要进行打蜡养护。

准备工具：干净的抹布、圆形小海绵、40cm 见方的毛巾（最好是不掉毛的毛巾）。

具体打蜡步骤如下。

步骤一：正式打蜡前，先用干净的抹布擦拭家具，去除家具表面的灰尘。顶部和一些容易落灰的地方都要擦拭干净，否则灰尘跟蜡混合在一起将形成硬垢。擦拭后，用手抚摸家具表面，干净了的家具表面应该是比较光滑的，没有粘腻感。

步骤二：用海绵沾上木蜡以圈状轻轻地涂抹。沾蜡不要太多，以"有蜡"为标准。先涂抹边缘处，再涂中间部分，这样可避免在边缘部分存留过多的蜡，避免蜡薄的地方已经干了，蜡厚的地方根本没有干。

步骤三：略等几分钟，在木蜡还没干透的情况下，使用40cm 见方的毛巾擦去多余的蜡，使家具表面的蜡膜尽量薄。

抹布擦拭家具 → 海绵沾上木蜡涂抹 → 用毛巾擦去多余的蜡

小贴士

如果喜欢中等亮度，做到以上步骤就可以了。如果喜欢高亮的效果，在擦去多余的蜡后，再等大约 10 分钟，蜡膜彻底干了再用毛巾用力抛光擦拭，就能提高亮度了。

3. 木质家具保养的注意事项

（1）加湿实木家具。在较干燥的环境下使用木质家具时，需采用人工加湿措施，例如定期用软布沾水擦拭家具。擦拭时，绝对不用粗糙的抹布擦拭家具，尤其是老家具。用干净柔软的纯棉布加少许家具蜡或者核桃油，顺着木纹来回轻轻擦拭。

（2）定期打蜡。每隔 6～12 个月，用膏状蜡为家具上一层蜡。上蜡之前，应先用较温和的非碱性肥皂水将旧蜡抹除。

（3）避免压放重物。大衣柜、书橱等家具的顶柜不要压放重物，不然柜门会出现凹凸形状，使门关不严。

小贴士

家具保养关键还是平时要养成良好的生活习惯，使用时多加爱惜家具。

4. 案例学习：日常生活中红木家具打蜡

家务助理员杨阿姨所在的雇主家用的是红木家具，除了做好日常的清洁之外，对于红木家具的养护，杨阿姨往往无从下手、不知所措。突然间她想到了前几日擦拭皮具用的碧丽珠，想着对红木家具应该也适用。

分析：有些家庭使用瓶装合成蜡（碧丽珠）来养护红木家具，这是错误的。正确的方法是在使用红木家具一个月后，给红木家具从里到外上天然木蜡。从此，按照固定的时间间隔打蜡。红木（素木）家具应该每个月用带蜡的擦巾全面擦拭补蜡，每季度打一次蜡。平时只用干燥的抹布擦拭灰尘，尽量不接触水及水汽。

红木家具打蜡具体步骤如下。

步骤一：选取合适抹布。在红木家具上打蜡要用棉布，不能用其他材质的抹布。

步骤二：将专用的红木家具蜡涂在抹布上。一定要注意蜡的用量，若是蜡的用量太多会造成涂抹不均匀，留下条纹和斑纹，影响光泽，堵塞毛孔。蜡用量过多还会造成浪费。对于表面有损害的地方应该将其修补，不然在上蜡后，会加大修补的难度。

步骤三：顺着红木的纹理方向给家具上蜡。注意打蜡时用的力度，要做到速度快，力道适中，避免用力过度，这样才能将红木家具的伤害缩减到最小，延长使用寿命。在上蜡时，要掌握由浅入深、由点及面的原则，循序渐进，均匀上蜡。

选取合适抹布 → 将专用的红木家具蜡涂在抹布上 → 顺着红木的纹理方向上蜡

（三）铁质家具

铁质家具的款式都很特别，而且造型不规则，材质也特殊，打理起来较麻烦。铁质家具在日常的使用过程中只要做到以下六点，就能保持其原有的色泽和品质。

1. 隔绝潮湿

铁质家具对室内的湿度要求比较高，湿度应维持在正常值内。家具应远离加湿器，因为潮湿会使金属出现锈蚀，镀铬产生脱膜等。家具清洁时，忌用开水清洗家具，可用湿布擦，但不要用流水冲洗。

2. 远离日晒

铁质家具摆放的位置，最好避开窗外阳光的直接照射。铁质家具长时间经受日晒，会使漆变色，着色漆层干裂剥落，金属出现氧化变质。如果遇到强烈日照而无法移开家具时，可用窗帘或百叶窗遮挡。

3. 远离酸碱

对铁具有腐蚀作用的酸和碱是铁质家具的“头号杀手”。铁质家具上若不慎沾上酸（如硫酸、食醋）、碱（如甲碱、肥皂水、苏打水），应立即用清水把污处冲净，再用干棉布擦干。

4. 避免磕碰

铁质家具在搬运过程中应小心轻放。放置铁质家具的地方应是硬物不常碰到的地方，

且放置地方一经选定，就不应频繁变动。放置铁质家具的地面还应保持平整，使家具四腿安稳、平实着地。若摇晃不稳，日久会使铁质家具产生轻微变形，影响家具的使用寿命。

5. 消除锈迹

如果铁质家具生了锈，不要用砂纸打磨。如果锈迹比较小时其除锈步骤如下。

步骤一：用棉纱蘸机油涂于锈处，静候片刻。

步骤二：用布擦拭锈迹，即可除掉。

用棉纱蘸机油涂于锈处 → 用布擦拭锈迹

若锈迹已经扩大变重，则应请有关技术人员来维修。

6. 洁净除尘

在为铁质家具除尘时，最好选用纯棉针织抹布擦拭铁质家具的表面。对于家具上的凹陷处和浮雕纹饰中的灰尘，则最好用细软羊毛刷来除尘。

四、地板养护

(一) 塑料地板

1. 塑料地板的保养要点

(1) 避免烟头、开水壶、炉子等与地面接触，以防烧焦和烫坏。

(2) 切忌金属锐器、玻璃陶瓷片、鞋钉等坚硬物质磨损表面，划出伤痕，影响美观。

(3) 避免用水清洁刷洗，使清洁剂及水分和胶质起化学作用，造成脱胶或翘起现象。

2. 塑料地板的保养方法

塑料地板建议在日常维护之余，做好每月的维护，这样才能使地板保持清洁，延长寿命。

(1) 日常维护

使用干净的九成干的拖把清洁地面，对污染严重的要局部清洁。

(2) 月维护的具体步骤

步骤一：地面清洁。

步骤二：局部受损地面打蜡处理。塑料地板一般一个月做一次打蜡处理与养护。

地面清洁 → 受损地面打蜡处理

小贴士

避免强光直接照射，防止地板变色、褪色。避免高温物品直接接触地面及尖锐物品的划伤。

(二) 木质地板

1. 木质地板保养的要点

木质地板保养过程中需要注意的要点可参照木质家具保养要点。

2. 木质地板的保养方法

实木地板的养护需要有持续性，不然经过长久使用却不保养，地板容易变旧，失去光泽。不同的地板制造工艺不同，有天然漆实木地板和油蜡实木地板之分，养护方法也不完全一样。

(1) 油蜡实木地板的养护步骤

步骤一：将地板清理干净，并保持干燥。

步骤二：再在地板表面涂上薄层轻油蜡，用软布将地板擦亮，并将多余的油迹擦掉，在晚间自然风干再使用。

地板清理干净及干燥 → 地板涂上轻油蜡 → 用软布擦掉多余的油迹

(2) 天然漆实木地板养护步骤

步骤一：将地板清洁干净。

步骤二：涂上一层稀释的地板上光剂。

一般情况下，起居室可以每月养护一次，厨房与客厅等则需要每周进行保养。

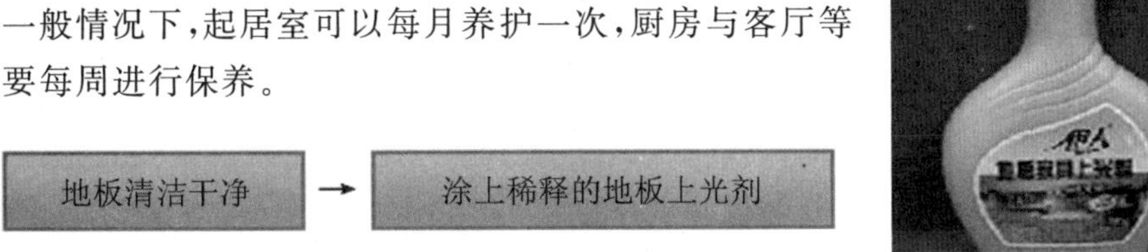

3. 地板打蜡

木质地板的保养，光靠一般的涂蜡和上光剂是不够的，还需要定期打蜡，才能对地板进行预防性的保护。具体步骤如下。

步骤一：清除地板表面的垃圾及脏物。

步骤二：用干抹布擦拭残留洗涤剂和水分，让地板充分干燥。

步骤三：给地板打蜡。打蜡的方法如下。

(1) 摇晃装有地板蜡的容器，并充分搅拌均匀。

(2) 用胶带纸等将墙踢脚线和家具部位覆盖，以防地板蜡将其污染。

(3) 先在房间的角落等不醒目之处进行局部试用，确认没有异常再大面积使用。

(4) 按照地板木纹方向仔细涂抹，不要漏涂或薄厚不均匀。涂抹量过少会造成薄厚不均，涂抹过多会导致造膜不良。

(5) 待地板充分干燥。

清除地板垃圾及脏物 → 用干抹布擦拭残留洗涤剂和水分 → 给地板打蜡

4. 地板打蜡后注意事项

(1) 地板打蜡后，干燥需要 20 分钟到 1 小时。地板蜡干燥前不能在地板上行走。

(2) 如果发现打蜡有漏涂，要及时进行补涂。如果采用两次打蜡的方式，那么第二次涂蜡时，要在第一次完全干燥后进行。

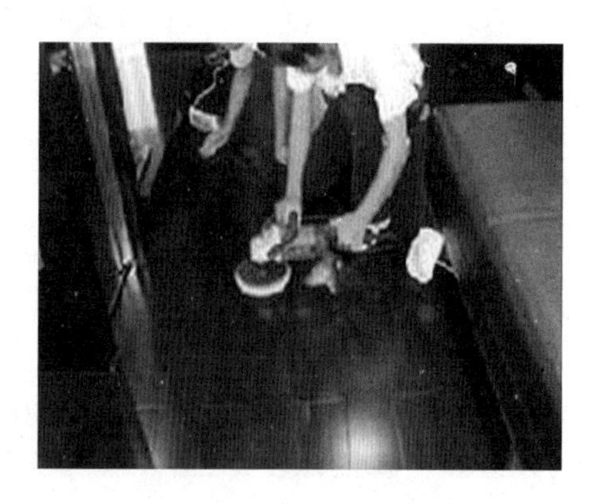

学习单元三　沙发、地毯、家具、地板养护小妙招

学习目标

掌握沙发、地毯、家具、地板的养护小妙招

知识要求

1. 皮沙发保洁法

对于皮沙发最好每月为它上一次油，才能保持皮革的光亮度，擦油过程中，搭配上

几滴醋效果更佳。如果皮沙发上有汗液或者水时,应立即用比较柔软的棉布擦拭干净,防止沙发霉变。

2. 布艺沙发防污法

布艺沙发购进后,最好先喷一次布面保洁剂,防止脏污的油水吸附。例如,市面上的矽酮喷雾剂具有防尘效果,可每个月喷一次。

3. 原木家具光洁法

原木家具可用水质蜡水直接喷在家具表面,再用柔软干布抹干,家具便会光洁明亮。

4. 原木家具刮痕处理

如果发现原木家具表面有刮痕,可先涂上鱼肝油,待一天后用湿布擦拭。

5. 原木家具防朽法

原木家具用浓的盐水擦拭,可防止木质朽坏,延长家具的寿命。

6. 地毯颜色保鲜法

地毯用久了颜色就不再鲜艳。要使旧地毯颜色变得鲜艳起来,可在头一天晚上把食盐撒在地毯上,第二天早上用干净的温抹布把盐除去,地毯的颜色就会恢复鲜艳。

7. 红木家具瑕疵处理

当红木家具或地板呈现小瑕疵时,可将旧报纸剪碎,加入适量明矾,用清水或米汤将其煮成糊状,而后用小刀将其嵌入小瑕疵处并抹平,干后会变得结实,再涂上一样颜色的油漆,木器就可以恢复到本来的面目了。

8. 家具漆面损坏处理

将热杯盘等直接放在家具漆面上,会留下一圈烫痕。一般只需用火油、酒精、花露水或浓茶蘸湿的抹布擦拭即可,或用碘酒在烫痕上轻轻擦抹或涂上一层凡士林油,隔两日再用抹布擦拭烫痕即可去除。或者将色拉油和食盐混合调成糊状,将其抹在木质家具上被烫伤的区域,等糊状物快要干掉的时候,再使用软抹布轻轻地将其擦掉,这样烫伤就能修复好了。

9. 家具表面焦痕处理

烟火、烟灰或未燃完的火柴等焚烧物,偶尔会在家具漆面上留下焦痕。假设只是漆面烧灼,可在牙签上包一层细硬布,轻轻擦抹焦痕,而后涂上一层蜡,焦痕即可除掉。

10. 藤质家具下陷修复法

如果藤质座椅在长时间使用后出现下陷,可用热肥皂水使劲擦洗椅座上下两面,然后将其置于自然环境中风干,即可恢复。因为这类材质的椅子沾水,再经风干后就会紧绷。

第三章　家居衣物洗熨烫

第一节　衣物洗涤

学习单元一　常见衣物洗涤标志知识解读

学习目标

1. 掌握家庭常用衣物洗涤标志
2. 了解衣物洗涤标志中英文对照

一、常用衣物洗涤标志介绍

表 3－1　常用衣物洗涤标志

手洗须小心	只能手洗	可用机洗	可轻轻手洗，不能机洗，30℃以下洗涤液温度	水温40℃，机械常规洗涤	水温40℃，机械作用弱常规洗涤	水温40℃，洗涤和脱水时强度要弱
最高水温50℃，洗涤和脱水时强度要逐渐减弱	水温60℃，机械常规洗涤	最高水温60℃，洗涤和脱水时强度要逐渐减弱	不能水洗，在湿态时须小心	可以熨烫	熨烫温度不能超过110℃	熨烫温度不能超过150℃

续 表

熨烫温度不能超过200℃	须垫布熨烫	须蒸汽熨烫	不能蒸汽熨烫	不可以熨烫	洗涤时不能用搓板搓洗	适合所有干洗溶剂洗涤
仅能使用轻质汽油及三氯三氟乙烷洗涤，干洗过程无要求	仅能使用轻质汽油及三氯三氟乙烷洗涤，干洗过程有要求	适合四氯乙烯、三氯氟甲烷、轻质汽油及三氯乙烷洗涤	干洗时间短	低温干洗	干洗时要降低水分	不能干洗
可以在低温设置下翻转干燥	可常规循环翻转干燥	可放入滚筒式干衣机内处理	不可放入滚筒式干衣机内处理	可以用洗衣机洗，但必须用弱挡洗	不能使用洗衣机洗涤剂	悬挂晾干
使用30℃以下洗涤液温度，机洗用弱水或轻轻手洗，用中性洗涤剂	使用40℃以下洗涤液温度，可机洗也可手洗，不考虑洗涤剂种类	使用40℃以下洗涤液温度，机洗用弱水流也可轻轻手洗，中性洗涤剂	使用60℃以下洗涤液温度，可机洗也可手洗，不考虑洗涤剂种类	使用95℃以下洗涤液温度，可机洗也可手洗，但家用洗衣机不可承受	平摊干燥	阴凉处风干
滴干	可以氯漂	不可以氯漂	可以拧干	不可以拧干	衣物须挂干	衣物须阴干

二、衣物洗涤标志中英文对照

表 3－2　衣物洗涤标志中英文对照

	dryclean	干洗
	do not dryclean	不可干洗
	compatible with any drycleaning methods	可用各种干洗剂干洗
	iron	熨烫
	iron on low heat	低温熨烫(100℃)
	iron on medium heat	中温熨烫(150℃)
	iron on high heat	高温熨烫(200℃)
	do not iron	不可熨烫
	bleach	可漂白
	do not bleach	不可漂白
	dry	干衣
	tumble dry with no heat	无温转笼干燥
	tumble dry with low heat	低温转笼干燥
	tumble dry with medium heat	中温转笼干燥
	tumble dry with high heat	高温转笼干燥
	do not tumble dry	不可转笼干燥
	hang dry	悬挂晾干
	drip dry	随洗随干
	dry flat	平放晾干
	line dry	洗涤
	wash with cold water	冷水机洗
	wash with warm water	温水机洗
	wash with hot water	热水机洗
	hand wash only	只能手洗
	do not wash	不可洗涤

学习单元二 衣物洗涤技术

学习目标

1. 掌握衣物洗涤的洗衣原则

2. 掌握衣物洗涤前要做的准备工作

一、洗衣原则

为防止洗衣过程中的交叉污染损害人体健康，一定要坚持以下原则。

（1）各人的衣服最好单独洗，至少应把小孩和大人的衣物分开洗；健康者和病者的衣服分开洗。

（2）内衣和外衣分开洗。

（3）不太脏的衣服和较脏的衣服分开洗。

（4）乳罩、内衣裤和袜子最好单独用手洗。

（5）洗衣时不要放太多洗涤剂，要多漂洗几次，特别是内衣裤更应如此。

（6）干洗的衣服拿回来要充分晾晒，等化学洗涤剂完全挥发后再穿。

（7）洗衣机应常清洗和消毒。

二、洗衣前准备工作

洗衣前准备工作主要分为三个步骤：清理衣物→分类→选择洗涤方法。具体操作如下。

（一）清理衣物

1. 检查衣物特殊污垢

衣物在洗涤前，要检查衣物是否有特殊污垢或染色，若发现有，应选出以便在洗涤前做处理。

小贴士

家务助理员应检查衣物是否污染上其他颜色，若发现要及时同雇主说明并采用技巧与特殊方法去除染色。雇主不在时，可将衣物选出暂不进行清洗，以免雇主产生误会。

2. 检查服装口袋

检查服装口袋内是否有物品，如钱币、首饰和票据等物品，若有物品要及时取出。家务助理员应将所取出的物品放在比较明显的地方，及时同雇主说明情况。抖净口袋里的烟沫或灰尘，以免在洗涤时污染服装或磨损机器。

3. 整理衣物

将有带子和纽扣的衣物系上带子、扣上纽扣；有拉链的衣物要拉上拉链，防止衣物洗涤后变形。将毛绒的衣物翻过来，无毛面朝外，防止洗涤造成毛绒粘连。

(二) 分类要求

1. 按衣物的用途

分为床上用品、装饰用品和服装类。而服装类又分为内衣、外衣、上装和下装类。

2. 按衣物的材质

分为棉麻、丝绸、毛和化纤类。

3. 按衣物所用材料的结构

分为机织和针织类。

4. 按衣物的颜色

分为浅色、中色和深色类。

(三) 洗涤方法选择

1. 手洗

丝绸、毛衣、起绒、弹力材质的衣物要选择手洗。

2. 机洗

棉麻、化纤材质的衣物可选择机洗。

3. 干洗

毛料的衣物应选择干洗，否则会造成衣物缩绒、变形。

(四) 根据衣物的质料选择洗衣粉

最好选用合成洗衣粉，如用低泡沫或无泡沫洗衣粉更佳。合成洗衣粉大致分为中性、弱碱性和强碱性三种。

(1) 在洗涤丝绸、毛类织物时，用中性或弱碱性为宜。

(2) 在洗涤油污较多的棉麻织物时，用强碱性最佳。

(3) 在洗涤有血迹、油污等斑迹的衣物时，可选用加酶洗衣粉。

(4) 在洗涤有铁锈的织物时，宜选用含硼酸钠的洗衣粉。

(五) 洗衣粉的选择

洗衣粉使用过量，既浪费又不易漂洗干净；用量过少，则会减弱洗涤效果。洗衣粉要根据洗涤对象来定。

1. 棉麻类织物

棉麻类织物耐碱性较强，选择中低档洗衣粉比较经济合算。

2. 丝毛类织物

丝毛类织物耐碱性较差，选用中高档洗衣粉为好。

3. 合成纤维和纺织物

洗涤合成纤维和纺织物，各类洗衣粉都可以，但最好不要用高泡型的。

小贴士

选用超浓缩无泡洗衣粉时，由于其去污能力特别强，因此用量只需普通洗衣粉的四分之一。另外，多少水加多少洗衣粉要适当，并不是浓度越高越好；50kg 水中加入 100～250g 洗衣粉，这样的浓度表面活性最大，去污效果最好。用洗衣机的话，2.5kg 干衣服一般要用 30g 洗衣粉，大约 3 勺。

加酶洗衣粉的用法

使用加酶洗衣粉时，浸泡时间要长，少则半小时，多则 2 小时。这样可以充分发挥蛋白酶的作用。

加酶洗衣粉怕热、怕湿，而且不宜久藏。因为酶是有寿命的，存放一年以后，酶就基本上失效了。同加酶洗衣粉一样，使用增白洗衣粉衣服浸泡的时间也要长一些。

(六) 使用洗衣粉的水温选择

使用洗衣粉泡洗衣服时的水温一般为 50～70℃。使用超浓缩洗衣粉，温度可稍低些。使用加酶洗衣粉，温度为 45～60℃。高于 60℃会造成酶死亡而丧失活力；温度太低，酶的活力就不能充分发挥。

小贴士

机洗时应使洗衣粉全部溶解

如水温过低，洗衣机就难以溶解洗衣粉，可先用少量 30℃左右的温水使之全部溶解后再洗。如衣物太脏，可用 40～50℃的温水洗涤。

机洗时先泡一下

在开机前最好将衣物浸泡一会，特别脏的地方，应先用洗衣皂揉搓，然后再机洗。

学习单元三　不同衣物洗涤要领

1. 掌握棉、麻服装的洗涤要领
2. 掌握毛料服装的洗涤要领
3. 掌握丝绸服装的洗涤要领
4. 掌握化纤服装的洗涤要领
5. 掌握羊绒和羊毛衫的洗涤要领
6. 掌握羽绒服的洗涤要领
7. 掌握革皮服装的洗涤要领
8. 掌握内衣的洗涤要领

一、棉、麻服装

棉、麻服装可以用各种肥皂和洗涤剂洗涤，但是在洗有色服装时应使用碱性较小的洗涤剂或降低洗涤剂的浓度。洗麻类服装的时候，用力应比棉类服装轻些，切忌用硬毛刷刷洗，以免影响外观和降低使用寿命。洗完后，将反面朝外挂在阳光下晾晒。

二、毛料服装

毛料服装属于做工考究的高级服装，适合干洗。如果水洗毛料服装，必须选用皂片或优质中性洗涤剂，或者是羊毛专用洗涤剂，而且洗涤温度不能超过 40℃。首先，用冷水浸泡衣服 2～3 分钟，然后放入配制好的洗涤液中，用软毛刷对衣服的领子、袖口、口袋和下摆等容易脏的部位顺着面料纹路轻轻刷洗，刷完后再放入原洗涤液中拎涮几次。最后用清水漂净，用手挤除水分后趁湿整理。切忌拧绞，最好是平摊晾晒至半干时再整理一次，用衣架直挂晾晒。

三、丝绸服装

丝绸服装一般都可以水洗，但应尽量选择手洗，选用中性、高档的洗涤剂或丝绸专用洗涤剂洗涤。手洗时，应选用冷水或微温的水，随浸随洗，尽量缩短洗涤时间。切忌用力拧绞，或用搓衣板和板刷搓刷，一般只需在洗涤液中轻轻揉搓后，用清水漂清即可，然后挤去水分挂在阴凉通风处晾干。如果用洗衣机洗丝绸衣服，则一定要选“专洗丝绸”这一挡。

四、化纤服装

化纤服装对洗涤的要求不高，一般的洗涤剂和肥皂均可使用，既可手洗，也可机洗，水温不能超过45℃，切忌使用热开水。

洗涤时，可以先把领子和袖口等较脏部位用软毛刷刷洗，再在洗涤液中挤压揉洗。化纤服装应避免用硬毛刷刷洗或搓衣板搓洗，以免衣服起毛球。然后漂洗干净。化纤服装可以拧绞，但不能太用力，最后挂起晾干。如果是机洗，脱水后需整形。

五、羊绒、羊毛衫

羊绒和羊毛衫一般情况下需干洗，如果选择水洗，最好是手洗，洗涤温度不能超过40℃。在室温（25℃）或冷水中放入专用洗涤剂或优质中性洗涤剂，建议使用专用洗涤剂，然后放入羊绒或羊毛衫，浸泡15分钟后，用手揉的方法洗涤。在领口和袖口等重点脏污处可加入浓度高的洗涤剂捏揉，切忌用搓衣板搓洗。当衣物从水中取出时，应用双手托出，不能抓住一点就提起来，以免衣物变形。

洗涤后不能拧绞，应用手轻轻压除水分，或用干毛巾挤干后整理好衣形，并使其蓬松，最好是平摊或装入网兜，挂在阴凉处晾晒半小时，再悬挂在室内通风处晾干，不可在强烈日光下暴晒。如果羊绒和羊毛衫用洗衣机脱水，应掌握在半分钟左右，最好装入网兜后，再在洗衣机脱水桶内脱水。马海毛及兔毛衫等高档服装应选择干洗。

六、羽绒服

羽绒服可干洗，也可以水洗。如果选择水洗，要先将羽绒服在冷水中浸泡20分钟，然后用皂片或洗衣粉在25℃左右的清水中配制好洗涤液，然后将羽绒服挤压出清水后，浸入配制好的洗涤液中，等羽绒服在洗涤液中完全浸透后，再把衣服平摊在台板上用软毛刷蘸洗涤液顺向刷洗。刷洗干净后，在原洗涤液中拎涮几下，然后用清水反复漂净，彻底除去洗涤剂残液。

最后，将衣服用干浴巾包卷后挤去水分，用衣架挂起晾晒。羽绒服也可以用洗衣机洗涤和漂洗，最好用滚筒洗衣机洗，因为普通涡轮洗衣机在洗涤羽绒服时，羽绒服经常会浮在面上。等到羽绒服干透后，用小木棍轻轻拍打，使羽绒服蓬松，恢复其原有的状态。

七、革皮服装

革皮服装又分真皮和人造革两种，真皮衣服属高档服装，特别是珍贵的裘皮服装，应送到洗染店干洗。人造革面料是以棉纱布或化纤面料为底的，涂上一些化工材料加工而成，外观近似真皮，所以这类服装不能干洗，只能水洗。洗涤时，将浸泡后的衣服用软毛刷蘸洗涤剂刷洗或放入洗衣机中，加入洗衣粉洗5分钟左右后，就可以漂洗干净，然后脱水。

脱水后的衣服应选用毛巾擦去残留在衣物表面的水珠，再挂在通风处阴干。对于特别脏的部位，可用软毛刷蘸洗衣粉刷洗后，再放入洗衣机中洗涤。一般来说，人造革服装表面光滑，颜色较深，不易玷污或显脏，只要用湿布或软毛刷蘸温水擦洗或刷洗就可以了。如果清水洗不干净，再改用中性洗涤剂溶液洗。

八、内衣

除非是注明可机洗的内衣，一般内衣都应该选择手洗。有钢丝和蕾丝的内衣只能手洗，浅色与深色的内衣应分开洗涤。把内衣放入配制好的洗涤液中，浸泡10分钟左右，或擦上透明皂，用手轻轻揉搓3～5分钟，切忌用力刷洗，然后漂洗干净，用大毛巾吸去水分，整形后挂在阴凉通风处晾干，或者包好放入洗衣机中用轻柔挡脱水，千万不可用力拧干，否则会损坏衣料或造成变形。

学习单元四　不宜用洗衣机洗涤的衣物

掌握不能用洗衣机洗涤的衣物类别

洗衣时，千万不能把所有衣物都用洗衣机洗，因为有些衣物是不能用洗衣机洗的，否则将损坏衣物。

一、丝绸衣物不能用洗衣机洗

这是因为丝绸衣物质地薄软、耐磨性差，在高速运转的洗衣桶内洗涤极易起毛，甚至在表面结成很多绒球，干后再穿很不美观。丝绸衣物脏了，可放在冷水洗涤剂中，用手反复揉搓几次就可以了。

二、嵌丝衣料服装不能用洗衣机洗

嵌丝衣料服装怕拧绞，不可用洗衣机洗涤甩干，尤其不得用力揉搓，只宜放在35℃左右的中性肥皂液或洗涤液中浸泡，泡透后用手翻动几次，待脏物洗掉用清水漂洗后，挂在衣架上，让其自然滴水晾干即可。

三、毛料衣服不能用洗衣机洗

毛料衣服宜干洗，不宜在洗衣桶中水洗。这是因为毛料衣服不少部位用针扦缝，衬布多用棉麻类织物，若在洗衣桶中旋转翻滚会因为吸水后收缩率不均而变形，影响美观，牢度下降。

四、沾有汽油的工作服不能用洗衣机洗

因为汽油易燃、易爆，不但扩散后会污染、腐蚀洗衣机，还有可能因运转中的洗衣机出现打火现象而引起爆炸。所以，沾有汽油的衣服万万不能在洗衣机内洗。

学习单元五　常见衣物洗涤技巧

掌握衣物洗涤技巧

一、真丝衣服上的污渍清洗

真丝服装一般是指桑蚕丝丝绸面料的服装，包括不同组织纹路、不同色泽的众多真丝面料。其中有很大一部分丝绸面料不一定会掉色，如较浅色泽的淡黄、银灰、粉色、浅绿、淡蓝等，多数不会掉色，但是这类颜色的真丝衣物不耐日晒。在中等深浅色的真丝面料中，颜色较为鲜艳的多数容易掉色，如金黄、橙色、葱绿、艳蓝、艳粉、艳红等。而色泽灰暗的则不太掉色，如草绿、灰色、棕黄、驼色等。而深色真丝衣物大多数都比较容易掉色，尤其如大红、紫红、艳蓝、艳绿等几乎都会掉色，其中最主要的原因是适用于真丝面料的染料大多牢度较低，所以说深色、鲜艳色和浓重色的真丝面料多数会掉色。

为了防止真丝面料掉色，除了采用干洗来洗涤这类衣物外，还可以在水洗时选用中性洗涤剂，在漂洗时加入少量冰醋酸制止掉色。更重要的是，洗涤过程要连续进行，不要在洗涤过程中浸泡、停留或堆放。最后一次漂洗时一定要加入冰醋酸固色，并且及时脱水，然后晾干。

对真丝衣服去渍要谨慎，一定要先在边角或不显眼的部位做测试，观察测试后的状况，然后决定是否去渍。

二、真丝绣花(花是丝线刺绣)掉色清洗

绣花服装是在真丝面料上绣花的传统衣物。真丝面料的染色牢度较差，加上真丝绣花线容易掉色。最为复杂的绣花服装是传统戏剧的剧装，如京剧和粤剧等，这种服装绣满了花纹图案，色彩艳丽复杂。这类绣花服装要特别注意绣花部分的突出花形和一些装饰物，它们极容易掉色。此类衣物若干洗相对安全些，手工水洗需要高超的技艺，否则掉色等现象很难避免。

三、衣物腋下的黄渍去除

衣物腋下部位经过较长时间的累积会形成陈旧性汗黄渍，去除汗黄渍可以分三步进行：

(1) 洗净衣物以后(脱水后湿的状态)将一些食盐涂在汗渍处静置片刻。

(2) 将稀释成5%的氨水涂在已经涂过食盐的汗渍处，再静置片刻。

(3) 使用清水彻底清洗干净。

可以重复进行上述操作。需要注意的是，这种方法不适合真丝与羊毛服装。

四、新衣先用盐水清洗

新衣服必须用食盐水浸泡后洗一洗再穿。因为新衣服上可能残留防皱处理时用的致癌性化学药品——甲醛。甲醛除了可引起咳嗽、流泪、视力障碍及发疹，还有致癌作用。因食盐具有消毒、杀菌、防棉布褪色等功能，所以新衣服穿之前，最好先用食盐水浸泡一下(一桶水加一小匙食盐)，洗后要马上用清水漂洗干净(不要泡太久)。最后，不要在阳光下暴晒，阳光会使染料变性，应放在阴凉通风处晾干。

五、衣服染色巧处理

在洗衣机里放入温水，启动洗衣机进行漂洗，加入 84 消毒液，半缸水加大约 1/3 瓶盖消毒液，溶解稀释，放入衣服，盖上机盖，漂洗大约 25 分钟，25 分钟后捞出衣物，衣服晾干后，就恢复原来的颜色了。

六、衣物上漆渍去除

(1) 在刚沾上漆渍的衣服正反两面涂上清凉油，几分钟后，用棉花球顺着衣料的布纹擦几下，漆渍便可清除。

(2) 除陈漆渍时，要多涂些清凉油，漆皮自行起皱后即可剥下漆皮。再将衣服洗一遍，漆渍便会完全去掉。

(3) 若沾上水溶性漆(如水溶漆、乳胶漆)等家用内墙涂料，及时用水一洗即掉。

(4) 若尼龙织物被油漆玷污，可先涂上猪油揉搓，然后用洗涤剂清洗，清水漂洗。

小贴士

面粉巧除油迹

进餐时若不慎将菜中油溅到衣服上，可用面粉去除。方法是取三勺面粉，用温水调成糊状后涂在油迹衣服里外两面，放在阳光下晒干之后揭去面壳，油迹就会除去。

蛋清去除皮衣污迹

皮革服装上面的污垢，可用布蘸上蛋清擦抹污处，待污渍除净，再用清洁的软布擦去蛋清。领口、袖口和前襟等油垢过重处，可在油污处滴几滴氨水和酒精配制的去油剂，再用布擦净。

巧除衣物墨渍

1. 新渍先用温洗涤液洗，再用米饭粒涂于污处轻轻搓揉即可。

2. 陈渍也是先用温洗涤液洗一遍，再把酒精、肥皂、牙膏混合制成的糊状物涂在污处，双手反复揉搓亦能除去污渍。

巧除衣物尿渍、葡萄汁渍

新尿渍用温水洗除。陈尿渍用28%的氨水和酒精的混合液洗除，两者的比例约1∶1为佳。

如果不慎将葡萄的汁液滴在棉质衣服上，用肥皂洗涤不但不能去掉污渍，反而会使其颜色加重，应立即用白醋浸泡污渍处数分钟，然后用清水洗净。

七、衬衫领口、袖口保洁妙招

在新的涤棉衬衫领口、袖口等易脏处，用蘸上汽油的棉花球轻轻擦拭一遍，汽油挥发后，再投入清水清洗。这样处理过的衬衫领口和袖口，穿时就不容易弄脏，即使穿脏了也容易洗干净。

巧洗白背心

白背心穿久了会出现黑斑，可取鲜姜2两捣烂放锅内加1斤水煮沸，稍凉后倒入洗衣盆，浸泡白背心10分钟，再反复揉搓10分钟，黑斑即可消除。

第二节　衣物熨烫

学习单元一　熨烫基础知识

学习目标

1. 掌握电熨斗的基本使用方法
2. 掌握电熨斗使用过程中的注意事项
3. 掌握电熨斗的熨烫方法

一、熨烫工具

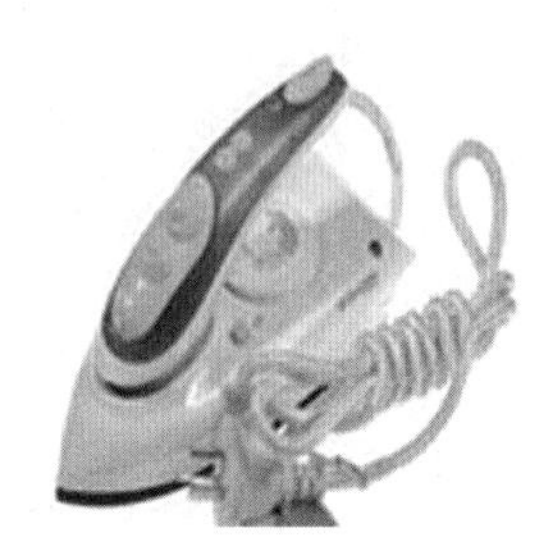

电熨斗是熨烫的主要工具，功率一般为 300～1000W 之间。它的类型可分为普通型、调温型、蒸汽喷雾型等。普通型电熨斗结构简单，价格便宜，制造和维修方便。调温型电熨斗能够在 60～250℃范围内自动调节温度，能自动切断电源，可以根据不同的衣料采用适合的温度来熨烫，比普通型更省电。蒸汽喷雾型电熨斗既有调温功能，又能产生蒸汽，有的还有喷雾装置，免除了人工喷水的麻烦，且衣料润湿更均匀，熨烫效果更好。

（一）电熨斗使用方法

在通电之前，应检查一下电线外层的保护层是否完整，有无破损，以防止漏电情况的发生。

如果是老式的电熨斗，是没有加水口的，因此在熨烫衣服时，需要在接触的布料上沾点水，或者是铺上一块湿布，防止把布料烫坏。

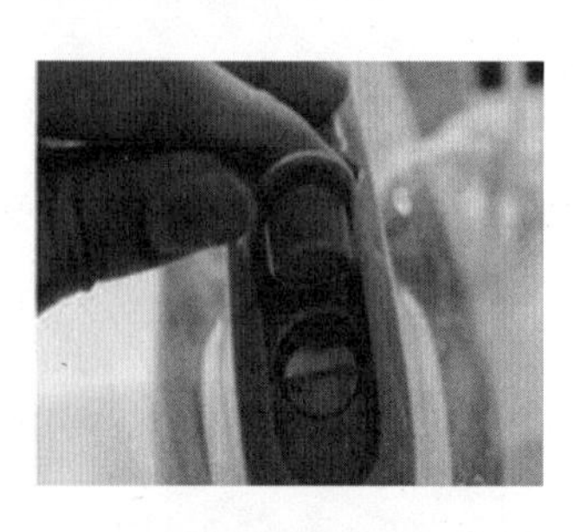

蒸汽电熨斗需要用水，并且最好是没有杂质的开水或纯净水，如果是一般的自来水，里面的杂质可能会堵塞出气孔，影响效果。在加水的过程中应注意掌握水量，不要太少，否则容易在短时间内就蒸发完。往注水口倒水时要仔细，不要把水洒在熨斗的其他部位，以免触电。

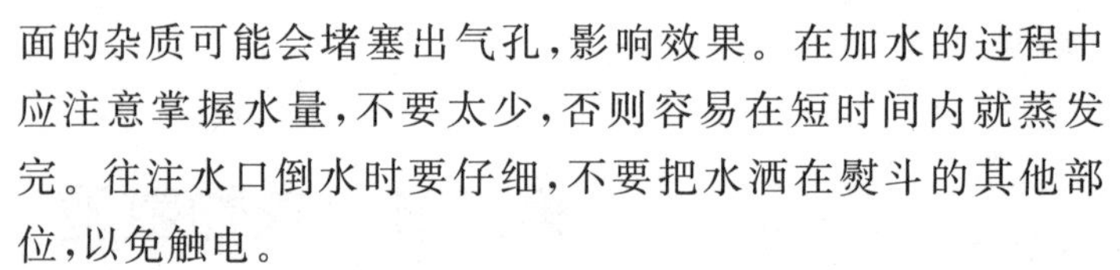

根据需要熨烫的衣料材质，选择相对应的温度挡数，然后再开始加热。千万不要忽视这一步骤，否则衣服就有可能被烫皱和烫坏。

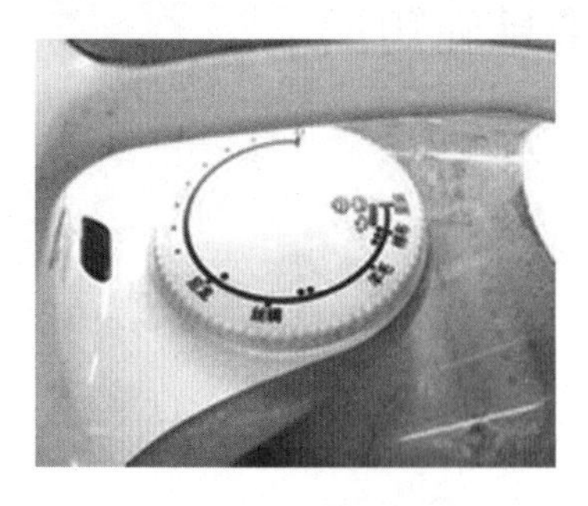

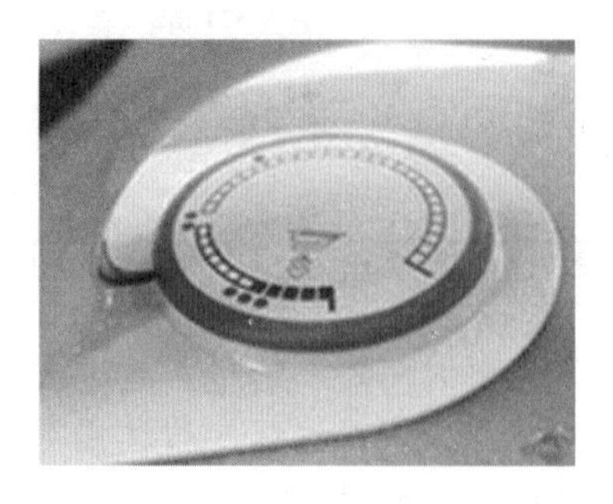

在电熨斗加热过程以及熨烫间歇，应将熨斗竖立摆放，不能随手搁在一边，否则容易把熨斗直接接触的物品烧坏。

蒸汽电熨斗用完之后，如果还有残余的水，要么倒掉，要么继续通电，直至将水烧干。如果不把水蒸发完，那么水就有可能漏出，附着在底板上，留下水渍，这样对机器的保养不利。

（二）电熨斗使用注意事项

（1）在熨烫衣物的间歇，应将电熨斗竖立放置，或者放在专用的电熨斗架子上。切不可将电熨斗放在易燃的物品上，以免着火，也不要把电熨斗放在铁块或砖石上，以免划伤底板电镀层。

（2）要及时清除电熨斗外表面的污物。化纤织物表面的绒毛容易被熔化，并黏附在底板上结焦，形成黑斑，不仅影响外观，也给下次使用带来不便。为了避免这类污物的产生，在熨烫化纤织物时，可垫一块干净的湿布。如果底板出现黑斑，切不可用小刀刮，那样会破坏底板的电镀层。最方便又有效的方法是先用一块湿布沾上少许牙膏，慢慢地擦拭锈斑处，待擦净后，再涂上一层蜡，接通电源，将蜡熔化后再擦。如果锈斑部位在电熨斗的底面，可用一块废布作垫，用力来回多熨几次。由此法除污物，不但不会损伤电熨斗的电镀层，而且能使其恢复原有的光滑和平整度。

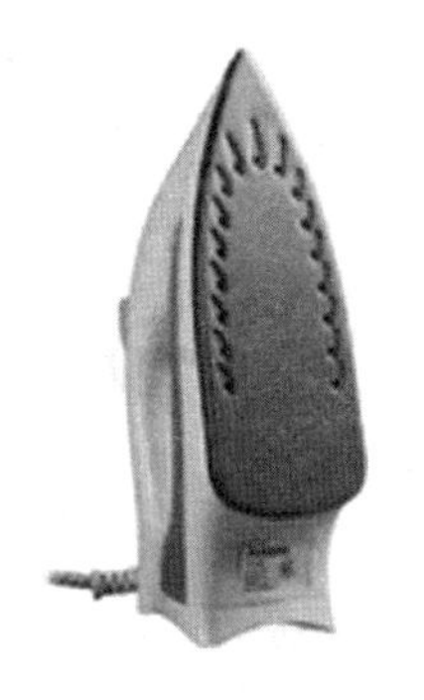

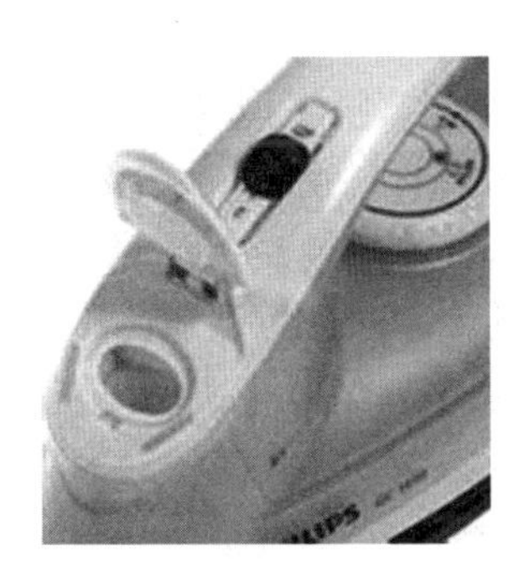

（3）电熨斗使用结束后（或中途发生停电时），应拔去电源插头，让其自然冷却，必须等待手触无热感后，再放入包装盒内。

（4）普通型电熨斗不能控制温度，很难满足各类衣物的熨烫要求。特别是在熨烫化纤织物时，稍有不慎就会把衣物烫坏，有时只能凭使用者的经验来掌握温度。普通型电熨斗连续通电时间不能过长，否则由于温度逐渐升高（可高达700℃），会把电热元件烧坏，也会把电镀层破坏及烫坏衣物。一般采取通、断电源的方法来大致控制底板的温度，这样做既省电又安全。

（5）普通型电熨斗若底板温度过高，要让其自然冷却，不能用洒水的方法来降温，更不能将底板浸入冷水中，否则将会使电熨斗损坏。

（6）调温型电熨斗内部装有可调节温度的双金属片恒温器，靠旋钮调节温度。当温度升高达到所需要温度时，双金属片因受热向下弯曲，使电源触点脱离，切断电源，电熨斗不再升温。待温度降至一定程度，双金属片就恢复原来状态，则电源接通。如此反复通断，使电熨斗保持温度恒定。为保持双金属片的刚性，使其控温正常，双金属片应处于自然状态。在不用时，调温旋钮应旋至“关”或“断”的位置，绝不可在高温挡的位置长久放置。

(7) 在使用调温型电熨斗过程中,转动调温旋钮时用力要轻,缓慢地旋至所需熨烫的织物名称位置上。由于织物名称较多,织物指示牌所示织物名称有限,在熨烫几种不同织物时,调节温度要从较低温度位置开始熨烫,当温度不够时,可适当提高,这样既可以连续熨烫,又可节电。

(8) 被熨烫的衣服较厚或衣服上皱纹较多时,最适合使用蒸汽喷雾型电熨斗。使用时可启动手柄前上方的拨动式喷雾按钮,使其指向"喷雾"挡(SPRAY),电熨斗的前方便立即喷出水雾。有的蒸汽喷雾型电熨斗采用按钮式控制,使用时要用手指一直按住按钮,水雾才出来,若手指离开按钮,水雾立即停止。另一种拨动式的控制按钮是向右拨动时喷射水雾,手指离开,水雾仍可继续喷射。如果感到衣服的湿度已达到要求,可将喷雾按钮沿相反方向关闭,就能立即停止喷射水雾。若要进行干熨,只要将蒸汽按钮按下,并向后锁住即可。

(9) 当调温旋钮拨至"喷雾"时,底板的温度使汽化室内的水迅速沸腾汽化,产生足够的压力,能够连续喷水雾。若错拨调温旋钮至低温区,则水的汽化速度较慢,蒸汽压力小。这时启动喷雾按钮,喷出的不是水雾而是较小的水柱,沾到衣物上会形成水渍,影响美观。

(10) 水质对蒸汽喷雾型电熨斗的使用寿命影响极大。其用水必须是纯净的蒸馏水或煮沸过的水,不得使用一般自来水。否则水汽化后,形成的水垢会沉淀在熨斗内部,堵塞喷汽孔,使喷汽量变小,甚至完全堵塞。使用时,若发现喷汽孔堵塞,应及时用大头针等类似的细钢丝进行疏通。

(11) 蒸汽喷雾型电熨斗使用完毕后,应按下蒸汽按钮,倒净水箱(贮水器)中的剩水,同时将喷雾按钮指向"喷雾"挡,继续通电 10 分钟,使内部水完全被蒸发掉,切断电源,待其自然冷却后,将蒸汽按钮与喷雾按钮复位,方可存放。

二、熨烫方法

手工熨烫是在衣物喷湿后,熨斗在熨板上通过熨烫的方向、压力和时间等,使衣物平服。可用"推、归、拨"的方法,对衣物进行熨烫,其基本方法如下。

(一) 推烫

推烫是运用熨斗的推动压力对衣物进行熨烫。

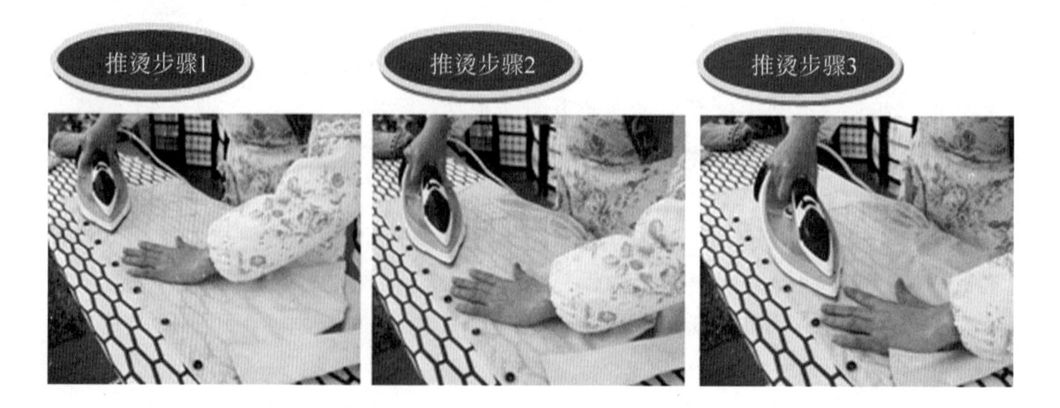

（二）注烫

注烫是运用熨斗的尖端部位，对衣物上某些狭小的范围进行推烫。

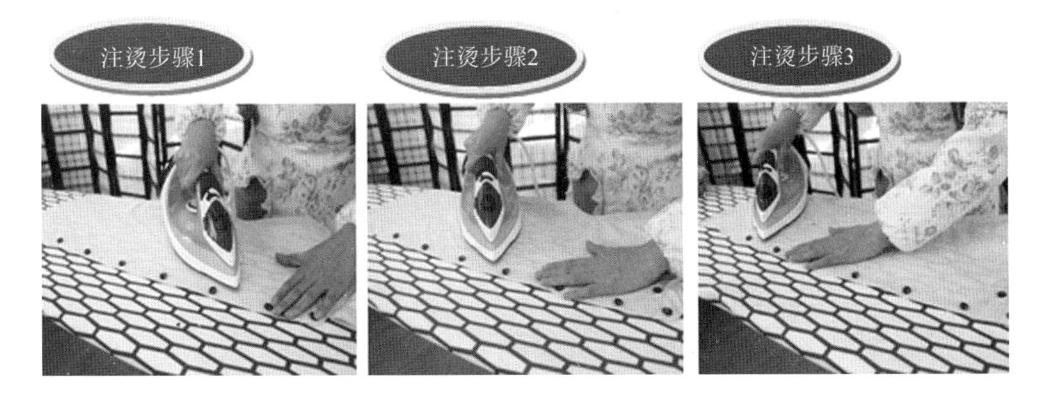

（三）托烫

托烫是将需熨烫的衣物部位，用手、“棉枕头”或烫板端部托起进行熨烫的方法。例如，对衣物的肩、胸、袖部进行熨烫时，应将需熨部位用手、“棉枕头”或烫板托起，结合推烫进行熨烫。

（四）侧烫

侧烫是利用熨斗的侧边对衣物局部进行熨烫。例如，在对衣物的筋、裥、缝等部位进行熨烫时，应将熨斗的侧面对着需熨烫的部位用力。

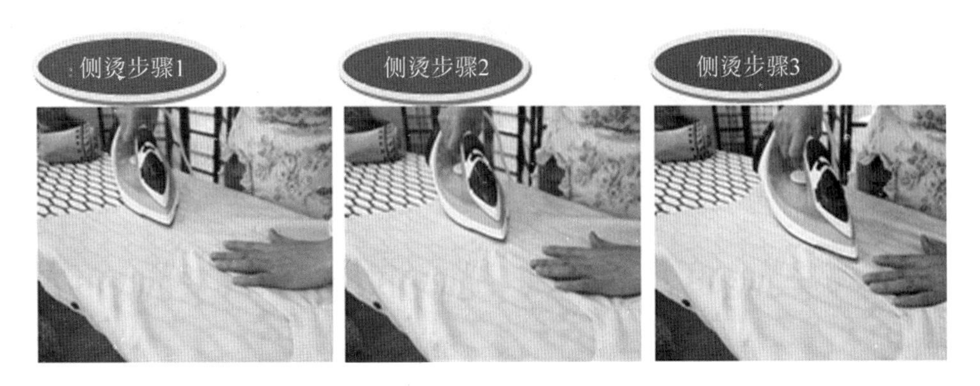

（五）压烫

压烫是利用熨斗的重量和外力加压对衣物需熨烫的部位进行往复熨烫，如对有光泽衣物熨烫时可使用。

（六）焖烫

焖烫是利用熨斗的重量同时外力加压，缓缓地对衣物需熨烫的部位进行熨烫。例如，对衣物领、袖和折边等熨烫易产生亮光的部位可采用焖烫，但熨烫时不要往复摩擦。

（七）悬烫

悬烫是利用蒸汽对衣物需熨烫的部位进行熨烫的方法。例如，去掉衣物熨烫时产生的褶皱。

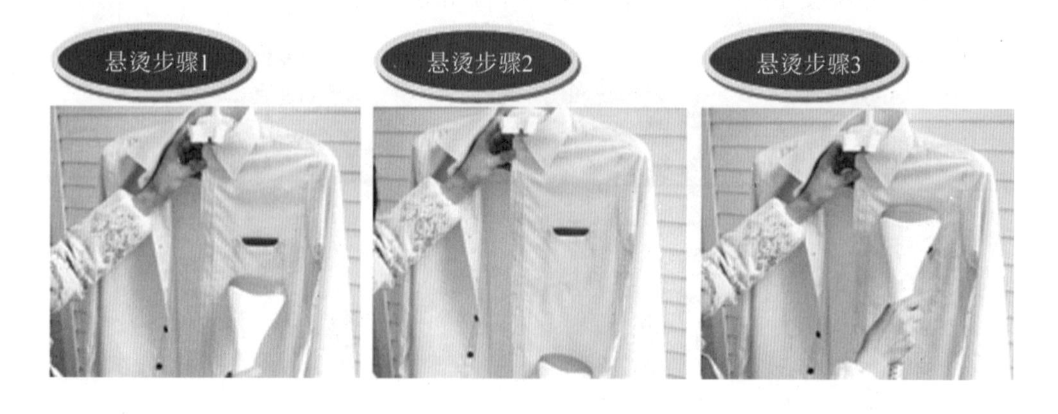

学习单元二　衣物熨烫步骤及技术

学习目标

1. 掌握男衬衫的熨烫步骤及技巧
2. 掌握男西裤的熨烫步骤及技巧
3. 掌握领带的熨烫步骤及技巧
4. 掌握西服裙的熨烫步骤及技巧
5. 掌握其他类衣物熨烫方法及技巧
6. 掌握挂式熨烫技术

一、男衬衫的熨烫

男衬衫面料的品种很多，有纯棉、丝绸、麻纱、的确良以及混纺或交织的织物。使用蒸汽熨斗时，要把蒸汽压力提高到 0.2MPa 以上才能进行熨烫。

使用蒸汽喷雾电熨斗时，要根据男衬衫面料纤维的种类，把熨斗上的旋钮调节到所需要的熨烫温度。

熨烫男衬衫的原则是先熨小片，后熨大片。熨烫衬衫时要注重细节部位的调整，避免熨烫后出现褶皱，或使衬衫变形。

熨烫袖子部分

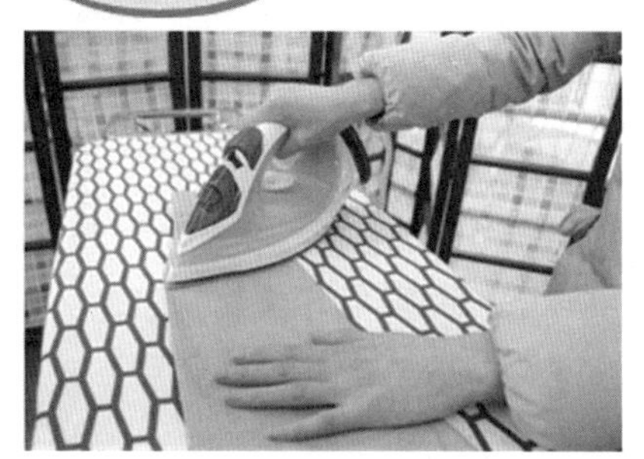
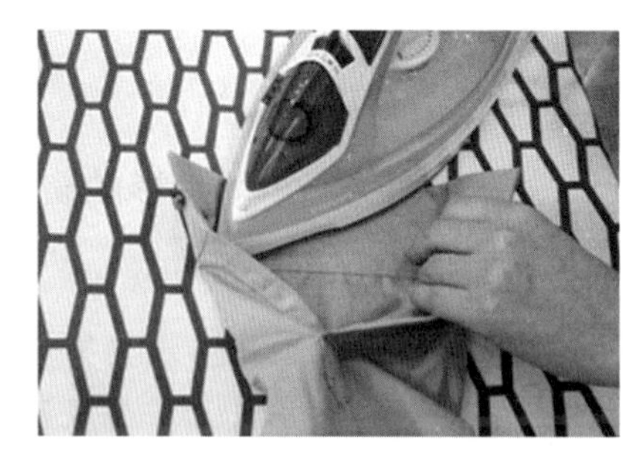

先将袖子展开，从内侧熨烫。然后袖子沿缝合处整理平整，袖扣处朝下，用熨斗整体熨烫，袖口处边轻压边熨平。

熨烫衬衫的领部

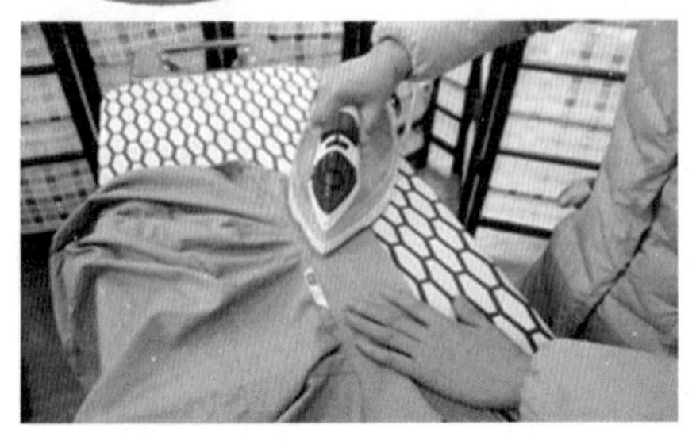

领子内侧朝上放，用手按住领子一端，用熨斗的尖端从另一侧边轻压边熨烫。

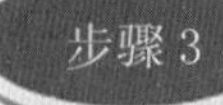

熨烫抵肩部分

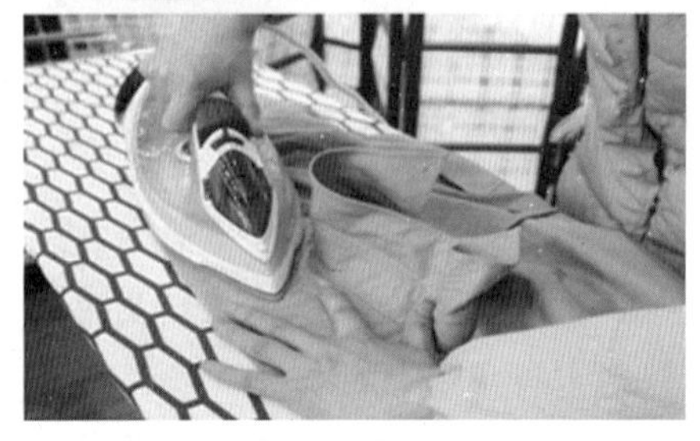

将领子向上折起，用熨斗的尖端熨烫领子根部与肩部。

熨烫衣襟部分

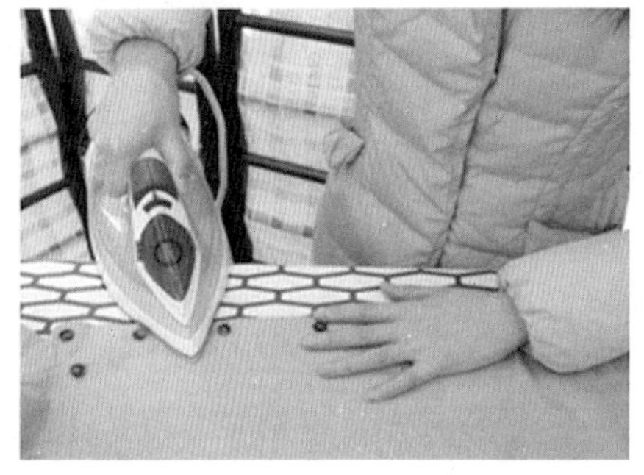

将有纽扣的前襟部分展平，用熨斗的尖端熨烫纽扣之间的部分。

步骤 5 **熨烫衣身部分**

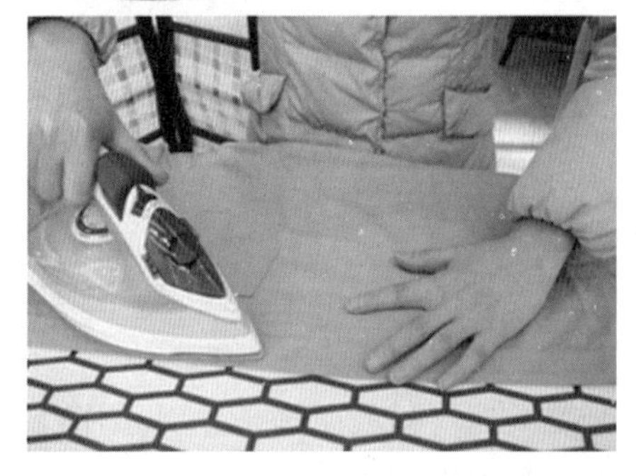

用手拉平衬衫边呈直线熨烫，先熨衬衫内侧，再熨衬衫外侧。接缝处用熨斗轻压平整。

小贴士

女衬衫的熨烫

女衬衫的面料品种很多，有纯棉、丝绸、麻纱、的确良及其混纺或交织面料等。因此在使用蒸汽喷雾电熨斗时，要根据面料的纤维种类调整所需要的熨烫温度。用蒸汽熨斗前要升足气压。

女衬衫多带有绣花及装饰物，熨烫时要格外注意前襟与后襟要反面熨烫，勿使正面的布料、装饰物等受损。主要方法同男衬衫熨烫方法。

二、男西裤的熨烫

使用蒸汽喷雾电熨斗时，要根据裤子面料纤维的种类准确调整熨烫温度。在熨烫浅色毛料西裤时，最好垫上一层白棉布，避免使浅色毛料发黄。在熨烫化纤织物时，必须垫上一层白棉布，避免烫伤面料。垫棉布熨烫时，如果温度不够，可把调温旋钮向上调一格，以满足温度的需要，达到热量平衡。熨烫后应使西裤裤线笔直，裤腿、裤腰平挺，袋盖平整，全裤无亮光。

熨烫裤腰、裤兜部分

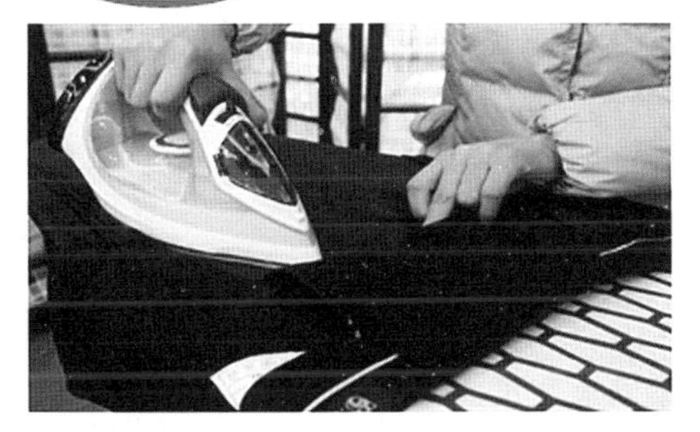

把裤子翻至内侧，先熨烫裤腰部分，由于腰部的接缝较多，并有裤兜等，裤兜处的布料有多层。直接熨烫后，正面很容易形成褶皱，应将裤兜用手拉开，用熨斗尖端从内侧仔细熨烫。

正面熨烫

将裤子翻至外侧，使两裤腿的中缝对齐，侧放在烫板上（注意不要烫出歪裤线或双裤线）。

步骤 3　熨烫裤筒部分

1. 适量喷水，便于熨烫出裤线，避免烫出歪裤线或双裤线。

2. 熨烫裤线时将裤线对齐后需用右手用力按压住，以防熨烫出歪裤线。

熨烫裤脚部分

1. 用手拉平裤脚卷边,熨烫平整。

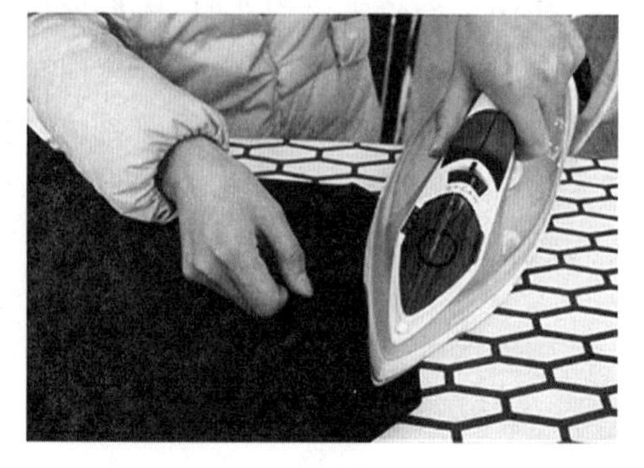

2. 裤脚卷边的内侧也要熨烫平整。

女西裤的熨烫

前开门的女西裤及高腰萝卜裤的熨烫方法与男西裤相同。

旁开门的女西裤在熨烫裤线时,必须将女西裤的旁门扣齐,找准裤腿中线的位置,再压死裤线,避免将裤线烫歪或两腿不对称。除此之外与男西裤的熨烫方法相同。

三、领带熨烫法

领带的质地一般是丝绸,里衬多为细布或细麻,熨烫时注意控制温度。

步骤1 熨前塑性

为了能更好地塑形,应用硬纸板剪成领带形状,塞入领带里衬。

步骤2 熨烫技巧

用左手抚平领带褶皱,按压保持领带平整,低温快速熨烫。

四、西服裙的熨烫

西服裙样式较多,除长短的不同外,其主要变化就在于褶上。褶的类型多为一顺边单褶,也有对褶,总地来说熨烫方法一样,只不过是褶多少不同。使用蒸汽喷雾电熨斗时,要根据面料纤维的种类调整熨烫温度,用蒸汽熨斗时要升足气压,对裙的内腰贴边处要垫布熨烫。

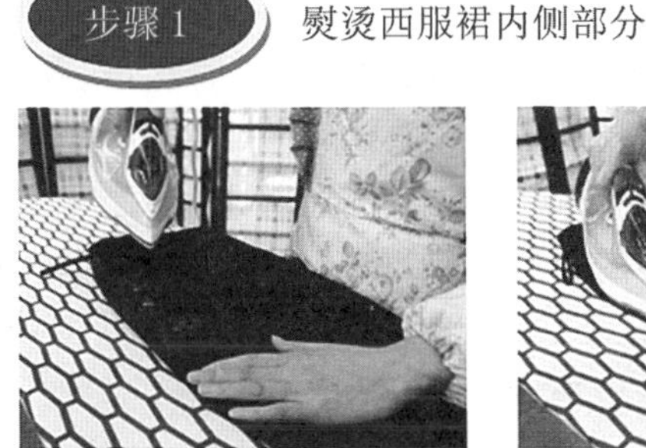

熨烫西服裙内侧部分

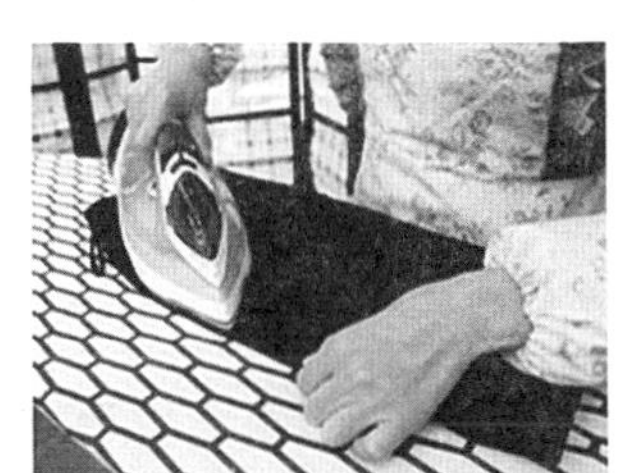

将西服裙翻至反面熨烫。熨烫接缝时喷洒适量的水,左手沿边缝捏紧、引导,裙内接缝要烫开压死。

熨烫腰身

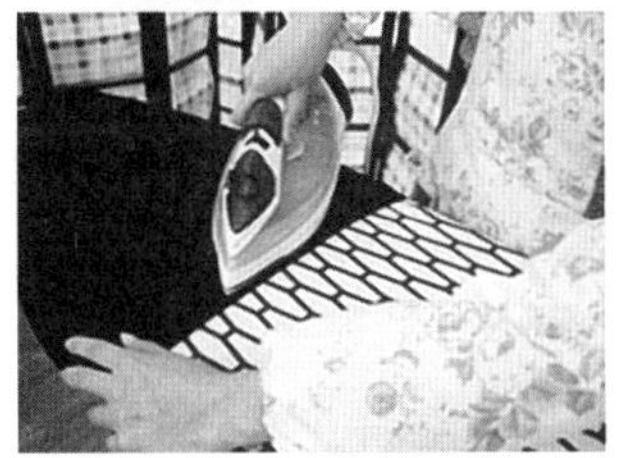

将裙正面套在熨烫板上,转动烫平上腰、胯部、腹部。

熨烫裙身

将裙身下口向上套在熨烫板上,转动熨烫,对裙的开气处要烫挺。有裙褶的,要按原来褶痕熨烫。

五、其他类衣物熨烫技巧

在一般情况下,下面几类服装的熨烫,会在专业的干洗店完成,但作为中级家务助理员,在此前熨烫技术掌握的前提下,可以尝试掌握以下服装熨烫的基本技巧。

(一) 毛料西服熨烫

(1) 将一条棉毯叠成三层铺在桌子上,用一块旧白布铺在上面,再准备白细布一块(做水布)、小棉枕头一个。

(2) 先熨烫西装的前襟贴边,将贴边的内衬铺平,垫上水布熨,熨烫后用手抻一抻,使两个贴边的长短一样齐。

(3) 接着熨领子，先垫上水布轻熨领子的正面，消除边角的碎褶，然后翻过来垫上水布熨领底。领子翻开熨时要垫上小棉枕头，上端可压死，靠近扣眼的下端不要压死。

(4) 熨袖子时，可将小棉枕头塞入袖子来熨。熨烫前身时，先将胸衬铺平，明兜摆正，暗兜布也摆平，前襟抻正与底边成直角，然后垫上水布熨烫。

(二) 中山装的熨烫

中山装是具有我国特色的男装，在国际交往中被公认为中国男子的国服。中山装的主要面料是呢料、毛料、各种化纤及混纺面料等。熨烫后要求达到全身平整挺括，无死褶；领面板圆，角正而不翘；两肩圆鼓无皱褶；两袖前圆后压死；袋盖平板无扣印；全身无亮光，光反射均匀等标准。

1. 衬里

选用合适的熨烫温度，把中山装的前后身衬里和袖里烫平，内袋口要重点烫平整。

2. 贴边

把左右前襟的内贴边烫平，并要用手抻直，衣角也要抻正。

3. 领子

领子先烫反面，烫后趁热用双抻上领与底领的中线处，把领角抻正，不要抻领尖，以防变形。抻后立即放平，用熨斗直接烫领背，烫平即可。

4. 衣袖

把衣袖套入袖骨转动熨烫，烫圆后将袖后烫死，注意不要烫出扣印。

5. 衣身

将衣服打开平展在烫案上熨烫，熨烫用力要均匀，衣服的前身、后身、侧身都要熨平，不能烫出亮光，尤其腋下侧身处不能忽略，可套穿板熨烫。折叠存放的中山装最易有褶，要重点熨烫。

6. 肩头

左右胸肩及左右肩背都要套到穿板头上熨烫。把袖与胸接缝处抻平，然后用袖骨圆头端或棉枕头撑起肩头熨烫，要烫出立体效果来。

小贴士

中山装一般都挂衬里，因此中山装的里、面都要熨烫。

使用蒸汽喷雾熨斗时，要根据中山装的面料和衬里纤维的种类分别调整熨烫温度。对浅色的毛料、化纤或混纺面料，以及衬里都应采用垫白棉布熨烫的方法。使用蒸汽熨斗要升足气压。

(三) 毛衫的熨烫

1. 衣袖

可先用调温蒸汽喷雾电熨斗或蒸汽熨斗接近毛衫衣袖(不能接触)，用强蒸汽将衣袖润湿。当毛衫衣袖发生膨胀伸展时，将毛衫定型袖横板穿入毛衫的衣袖里，然后用熨斗熨烫，当毛衫衣袖扩大烫平后要及时冷却定型。

2. 衣身

(1) 毛衫经水洗后衣身缩水明显，为避免穿入模板时将毛衫损伤，必须用上面的方法首先把毛衫的前后身同时润湿。

(2) 当毛衫前后身被润湿发生膨胀伸展后，再将定型板穿入。

(3) 用熨斗烫平毛衫的前后身，并使其及时冷却定型。

(4) 给毛衫用模板熨烫定型时，注意勿将毛衫拉伤。

上面所讲的把毛衫恢复到原来状态的过程，称为毛衫放大定型技术。

(四) 台衫的熨烫

台衫及各种纯毛开衫的熨烫，也要通过润湿、模板扩大、熨斗烫平、冷却定型等步骤。台衫都配有衬里，因此给台衫扩大定型时，必须要依据台衫衬里的幅度和长度作为扩大定型的标准。

1. 衣袖

同熨烫羊绒衫一样，先将台衫的左右两袖分别润湿，然后用大小合适的袖模板把衣袖支撑起来熨烫，待衣袖冷却后，再把模板取出。

2. 后身

用同样的方法将台衫后身润湿，然后用大小合适的衣身模板套上、熨烫定型。

3. 前身

将后身熨烫定型后的台衫带模板一起翻过来，依据台衫衬里的幅度和长度分别对左右两片前身熨烫定型。

注意：一定要把台衫的袋口及贴边烫得直、平、挺。对拼皮的台衫，皮革部分可参照皮革服装的复染或上光方法进行处理。只有经过这样的处理，才能使拼皮台衫恢复原来的品位。

(五) 毛衣熨烫法

毛衣、针织质料这一类的衣服，如果直接用熨斗烫会破坏组织的弹性，这时候最好用蒸汽熨斗喷在皱褶处。如果毛衣皱得不厉害，可以挂起来直接喷水在皱褶处，待其干燥后就会自然顺平。还有一个方法是挂在浴室中，利用洗澡的热蒸汽，使其平顺。

六、挂式熨烫法介绍

挂烫机适用于更多材料种类的服饰熨烫，如西装、丝巾、涤丝混纺织物、腈纶混纺织物及混纺毛织物等。

熨烫时用一只手捏住衣服，要尽量保持衣服平整，再将蒸汽喷头贴在衣物上，慢慢上下移动，依靠高温蒸汽把纤维软化，再利用拉力使衣物定型。

烫到衣物下摆的时候，应捏住衣服的两边拉紧，再上下熨烫。在熨烫衣服领子的时候可以加大点力度往下压，压的时间可以稍微长一点。熨烫的时候要小心喷头喷出来的高温蒸汽。

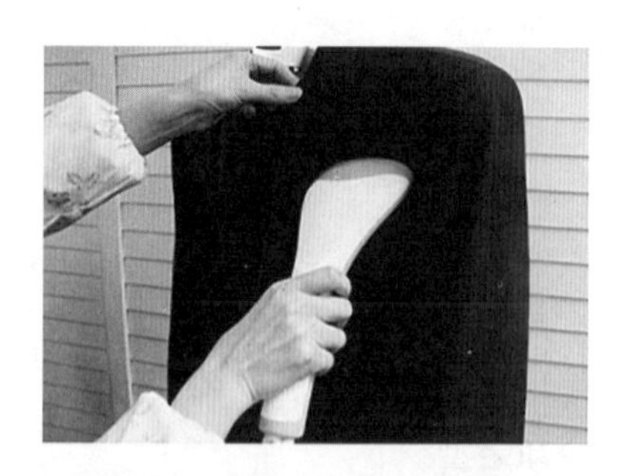

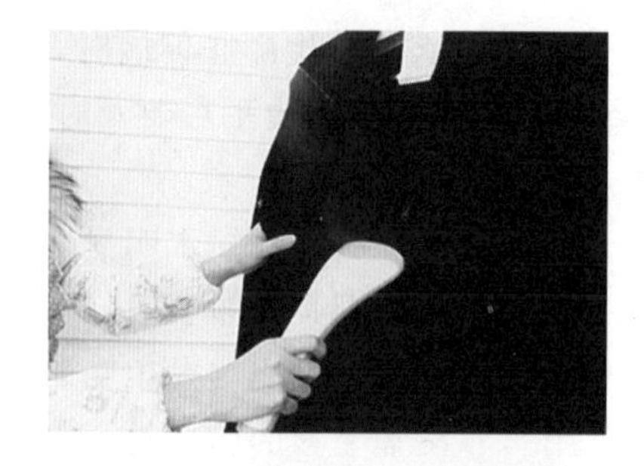

学习单元三　各类材质衣物熨烫小窍门

学习目标

1. 掌握棉、麻服装熨烫小窍门
2. 掌握毛料服装熨烫小窍门
3. 掌握丝绸服装熨烫小窍门
4. 掌握化纤服装熨烫小窍门
5. 掌握混纺服装熨烫小窍门
6. 掌握皮革服装熨烫小窍门
7. 掌握羽绒服熨烫小窍门

知识要求

一、棉、麻服装

棉、麻服装比较容易熨烫，且适合各种熨烫方法，但深色或有毛绒的服装（灯芯绒、平绒等）应在反面熨烫。

二、毛料服装

毛料服装不宜直接正面熨烫，应盖上湿布先烫反面，烫挺后再在正面垫布熨烫整理，要注意袋边、衣缝等有高低的部位，避免出现“极光”或烫焦。

三、丝绸服装

丝绸服装应反面熨烫。在丝绸服装中，除蚕丝绸的服装可以湿烫外，其余最好是干烫，否则会出现水渍。对于不易烫平的皱纹，可以盖上湿布后用熨斗压平。

四、化纤服装

化纤服装一般都具有免烫的特性，不需要经常熨烫，除维纶面料只能干烫外，另外均可选用加湿熨烫。化纤服装在熨烫时，最好是盖布后再操作，防止熨斗的瞬间高温或因温度没掌握好而使服装面料局部收缩、发硬或变色。不同原料的服装对熨烫温度的要求差距很大，所以一定要仔细加以区别。

五、混纺服装

混纺服装的熨烫，要根据不同种类混纺的比例来决定熨烫方法，一般都以比例大的那种纤维特性来决定熨烫温度(最好是以其中耐热性差的纤维为准)。

六、皮革服装

皮革服装应采用低温熨烫，熨烫时必须垫上棉布，同时要不停移动熨斗。

七、羽绒服

羽绒服不宜使用电熨斗熨烫，可以用一只大号的搪瓷茶缸盛满开水，在羽绒衣出现皱纹的地方垫上一块湿布熨烫。

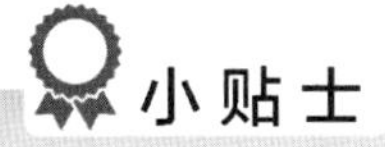

熨烫温度掌控

首先，熨衣服的时候一定要先弄清楚衣服是什么面料，不同的面料纤维所能承受的温度不同，弄清楚了就可以减小对面料的损伤。比如，有些化学纤维忌高温，有些则不怕；有些天然纤维，像丝、毛不适合高温，而棉、麻则不怕。除了在熨斗上会有温度高低的转盘刻度外，衣服洗标上也会有清楚的标志。

另外，有些面料直接用熨斗在衣服表面烫，会被磨得发亮或发白，既伤组织，又影响美观。这时候在上面盖一块里布或同质类的面料再熨烫，就可避免此现象。

以下是不同面料衣服的温度要求。

面料	熨烫温度
毛织物(薄呢)	约 120℃
毛织物(厚呢)	约 200℃
棉织物	160～180℃
丝织物	约 120℃
麻织物	在 100℃以下,一般不熨烫
涤纶织物	约 130℃
锦纶织物	约 100℃
涤棉或涤粘混纺织物	约 150℃
涤毛混纺织物	约 150℃
涤腈混纺织物	约 140℃
化纤仿丝绸	约 130℃
维棉混纺织物	约 100℃(宜干烫)

第三节　衣物收藏

学习单元一　衣物收藏基本知识

1. 掌握衣物折叠工具使用方法
2. 掌握不同种类衣物的折叠方法
3. 掌握衣物收藏基本要求

一、衣物折叠

(一) 衣物折叠工具介绍

以下是一种折叠整理衣服的工具。将衣物平铺在上面,同时折叠衣物和板子的左右及上下,衣服就叠在板子上。

1. 上衣

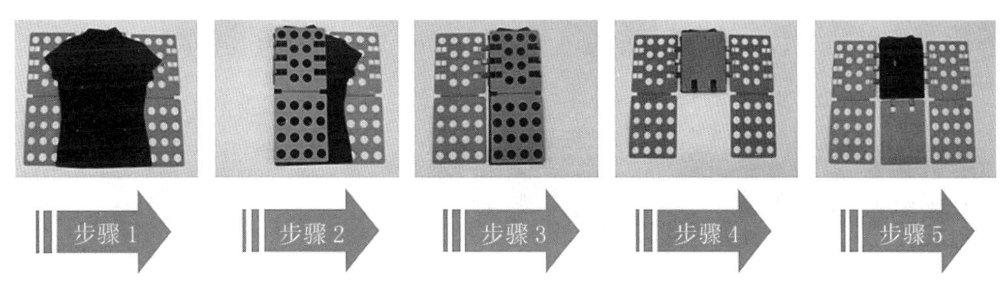

（1）将衣服平铺在叠衣板上。

（2）将左侧板面向中间折叠。

（3）将右侧板面向中间折叠。

（4）将中间的下板推上。

（5）完成。

2. 裤子

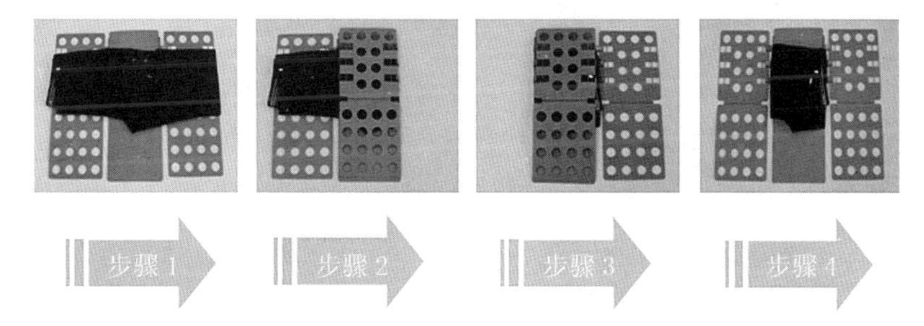

（1）将裤子平铺在叠衣板上，裤腿自裤脚三分之一处向中间折叠。

（2）将右侧板面向中间折叠。

（3）将左侧板面向中间折叠。

（4）完成。

（二）衣物折叠方法

1. 睡衣的折叠方法

将衣服正面朝上平铺，扣好扣子，抚平褶皱。

步骤 2

将左侧重叠到前身，袖子折叠回来。

将另一侧同样折叠，并将袖子折叠回来，注意左右均等。

步骤 4

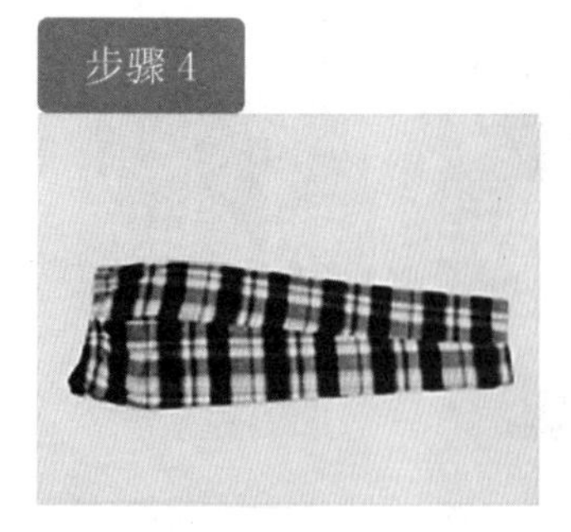

将裤子的中线对齐、重叠,叠起来。

步骤 5

抚平褶皱,从裤脚向上对折。

步骤 6

再对折一次,使其长度成为最初裤长的四分之一。

步骤 7

将折叠好的裤子放在上衣上。

步骤 8

将上衣从衣服的下摆开始对折,把裤子包在上衣里面。

2. 衬裙和背心的折叠方法

(1) 衬裙

步骤 1

将吊带衬裙正面朝上平铺,底边对齐,抻直肩带和褶皱。

步骤 2

捏住肩带,轻轻地与下摆合并,对折。

步骤 3

将下摆和肩带一起向上对折。

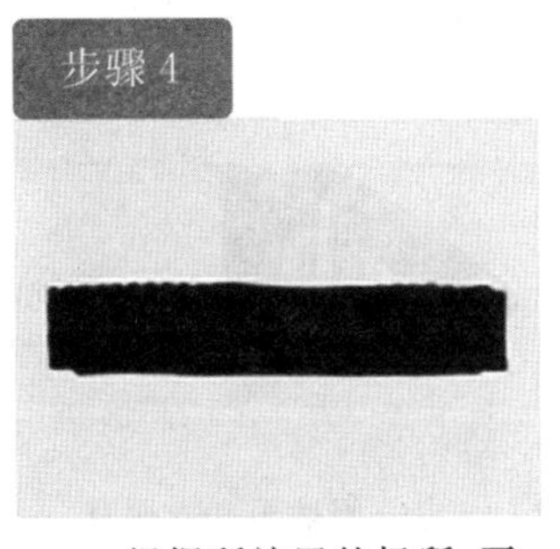

根据所放置的场所，再一次从上方开始对折。

从一侧的三分之一处向中间折叠。

再折一次后完成。

（2）背心

将背心正面平铺，底边对齐，袖口边沿对齐，抻平褶皱。

将背心竖向对折，使左右身整齐地重叠在一起。

将背心自二分之一处对折。

再次对折，完成。

3. 连帽衫和羽绒服的折叠方法

（1）连帽衫

首先将兜帽向里折叠，避免因帽子的折叠导致连帽衫出现褶皱。

步骤 1

将连帽衫拉链拉好，正面朝上平铺，将兜帽整理好。

步骤 2

将兜帽向前身折叠。

步骤 3

将一侧袖子和衣服从身前的四分之一向内折叠，再将袖子折回。

步骤 4

将另一侧按照相同的方法折叠。

步骤 5

从底边三分之一处向上折叠。

步骤 6

再一次向上折叠，完成。衣服的长度为原衣长的二分之一左右。

（2）羽绒服

步骤 1

将长衣服挂在衣架上。

步骤 2

拉上拉链后，将衣服袖子折叠放在中间。

步骤 3

用裤挂夹住衣服下摆 1～2cm 处。

步骤 4

将裤挂往上挂在衣架上。

步骤 5

扣紧衣服最上面的一颗扣子，将裤挂牢牢固定住。

4. 内衣和内裤的折叠方法

(1) 内衣

步骤1

将内衣扣解开，正面朝下放置。

步骤2

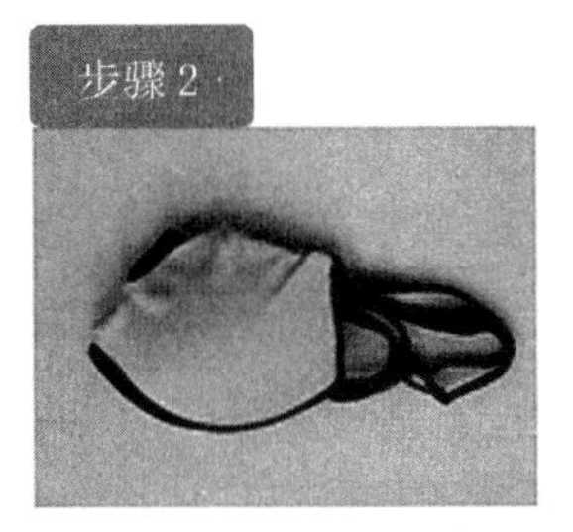

将胸罩对折，肩带卷起放在胸罩内。

步骤3

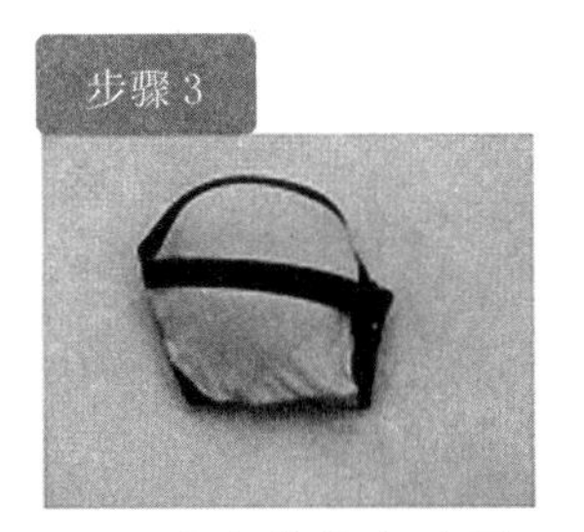

将肩带绕在胸罩上，将罩杯固定。

(2) 三角内裤

步骤1

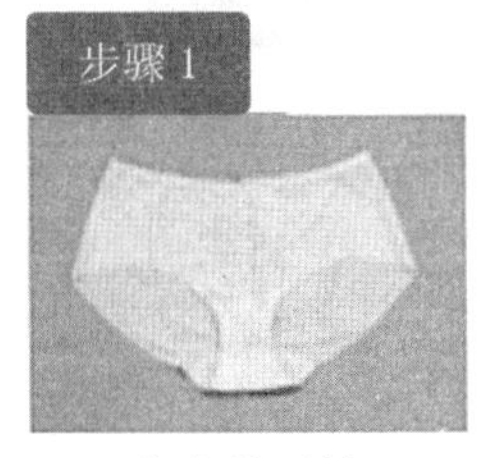

将内裤平铺

步骤2

将内裤竖向从一侧三分之一处向中间折叠。

步骤3

另一侧用同样方法折叠。

步骤4

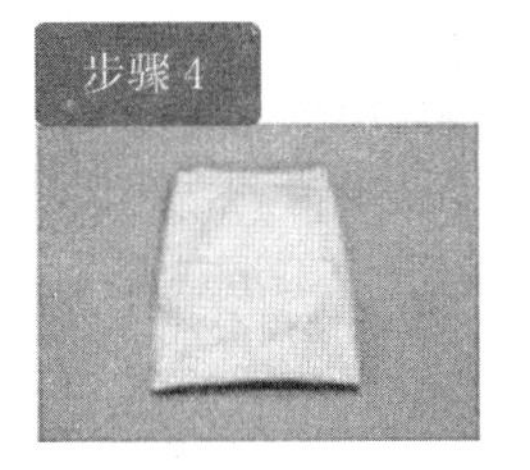

将内裤横向分成三等分，把腰口一方向下折叠。

步骤5

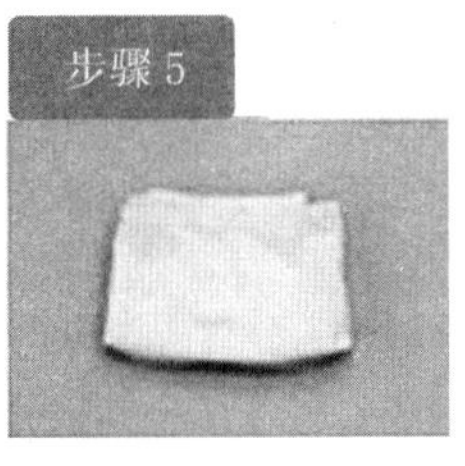

把剩余部分掖到松紧带里。

(3) 平角内裤

步骤1

将平角内裤展开，竖向对折。

步骤2

将多出来的裤裆部分向上折叠一次。

步骤 3

再次竖向折叠。

步骤 4

将平角内裤横向对折。

步骤 5

一手捏住平角内裤并松开腰口一侧。

步骤 6

将平角内裤外翻，包住叠好的平角内裤。

步骤 7

完成。

（4）短裤

步骤 1

将短裤展开，竖向对折。

步骤 2

将多出来的裤裆部分向里侧叠一次。

步骤 3

将短裤横向分成三等分，将裤腿一方往上翻折一次。

步骤 4

再次折叠，完成。

5. 长袜和毛线袜的折叠方法

（1）长袜

步骤 1

将长袜重叠后展开。

步骤 2

将长袜对折。

步骤 3

再次对折。

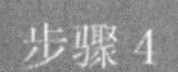

将长袜平均分成三份，折叠脚踝部分。

将长袜再次折叠。

步骤 6

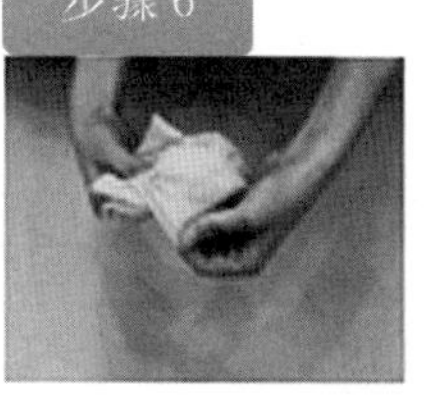

一手捏住叠好的长袜，另一只手从袜口处外翻，包住袜子。

步骤 7

完成。

（2）毛线袜

步骤 1

将两只袜子重叠，抻平褶皱。脚尖向上折叠。

步骤 2

向袜口处再次折叠。

步骤 3

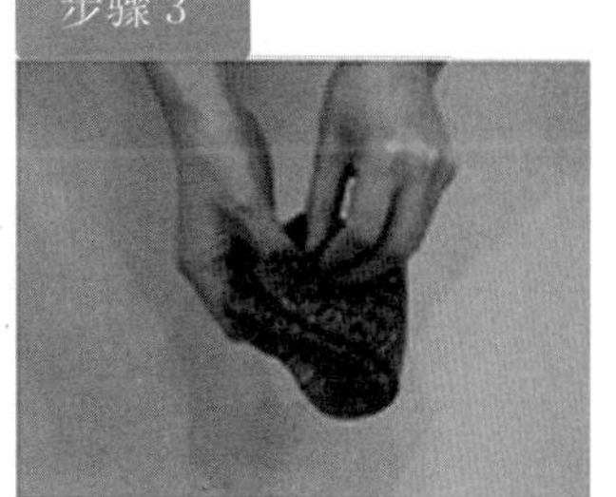

一手捏住袜子并松开袜口一侧。

步骤 4

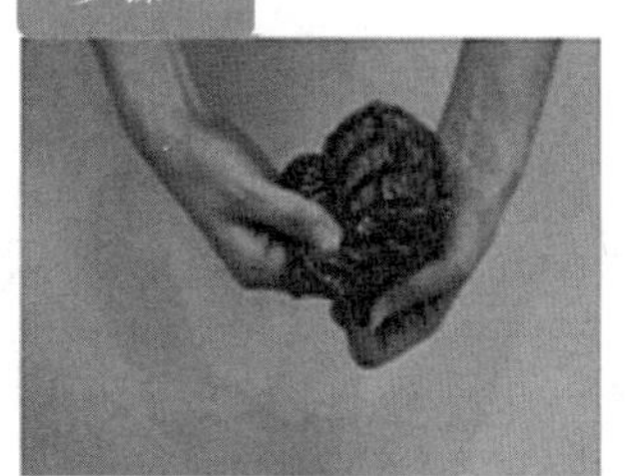

翻开袜口，包住袜子。

步骤 5

完成。

6. 毛衣的折叠方法

（1）毛衣单向折叠

将毛衣反面朝上平铺放置。

将两个袖子向内侧折叠，使袖子保持水平。

将毛衣两侧向内侧中间折叠。

将毛衣横向分三等分，从下摆向上折叠一次。

再次折叠，完成。

（2）毛衣卷折

将毛衣反面朝上平铺放置。

将两个袖子向内侧折叠，使袖子保持水平。

将毛衣横向分三等分，从下摆向上折叠一次。

步骤 4

从领口向下摆处卷，尽量保持两侧松紧度一致。

步骤 4

折叠完成，可用松紧带或缎带绑上，注意不宜过紧。

(3) 反正折叠

步骤 1

将毛衣反面朝上放平，两侧向内侧中间折叠。

步骤 2

将毛衣自下摆约三分之一部分向上折叠。

步骤 3

再折叠一次，结合放置场所的长度，可调整折叠次数。

(4) 开襟毛衣卷折

步骤 1

将毛衣正面朝上，系好扣子，将两个袖子向内侧折叠，使袖子保持水平。

步骤 2

从领口往下摆处卷，尽量保持两侧松紧度一致。

步骤 3

一直卷至下摆处就完成了，之后可用松紧带或缎带轻轻绑上，防止衣服松开。

7. 开领袖衬衫的折叠方法

将叠衣板或长方形硬纸放在衣服反面。

将两侧袖子向里侧折叠。

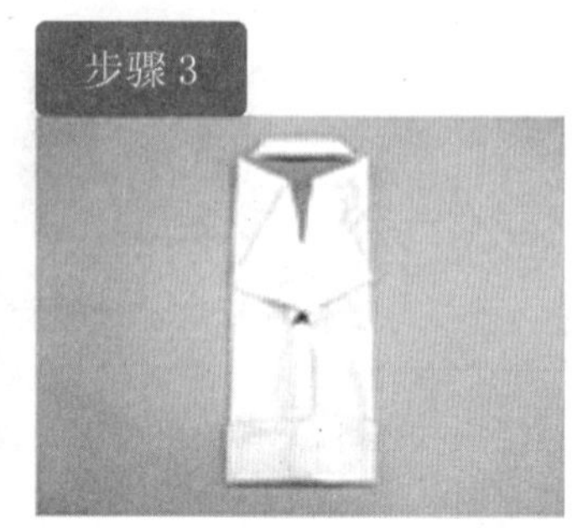

将衣服下摆向上折叠一次。

再次折叠。

正面放置，完成。

8. 打底裤袜和短丝袜的折叠方法

(1) 打底裤袜

将裤袜重叠后平铺。

将裤袜对折。

再次对折。

第三次对折折叠。

步骤 5

一手捏住叠好的裤袜，松开袜口一侧。

步骤 6

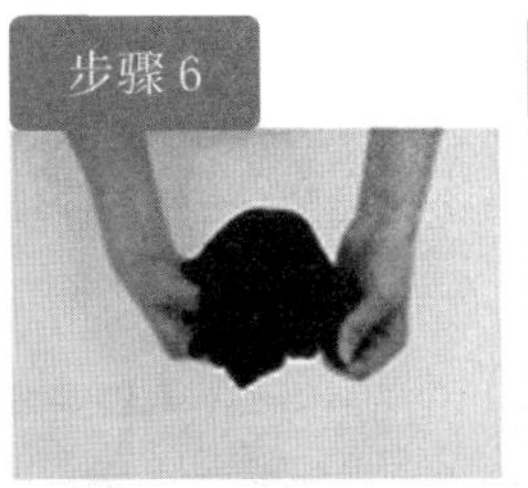

另一只手抻住被松开的袜口一侧，向外侧翻开。

步骤 7

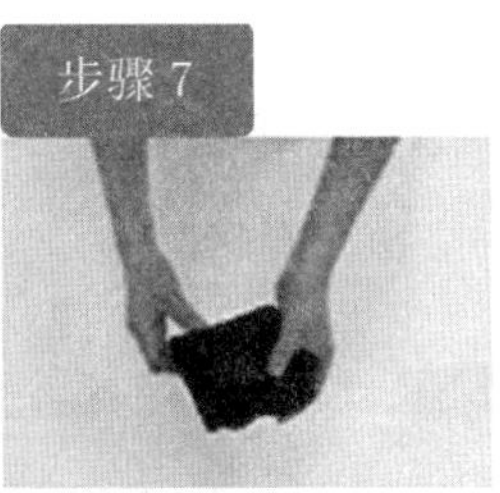

包住整个叠好的裤袜，整理平整。

步骤 8

完成。

（2）短丝袜

方法一：

步骤 1

将丝袜重叠后平铺，脚尖向袜口三分之一处折叠。

步骤 2

再次折叠。

步骤 3

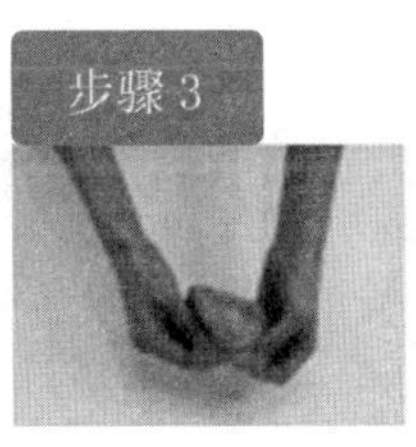

一手捏住叠好的丝袜，松开袜口一侧。

步骤 4

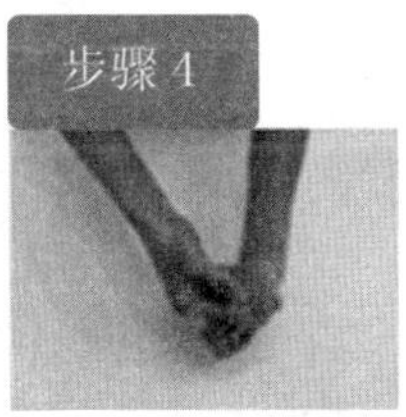

使其包住整个叠好的丝袜，整理平整。

步骤 5

完成。

方法二：

步骤 1

将丝袜重叠后平铺。

步骤 2

将丝袜平均分成三等分后，将袜口向中间方向折叠。

步骤 3

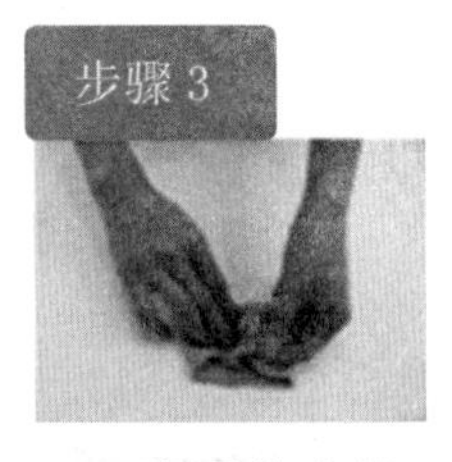

折叠脚尖部分，将其塞进袜口。

步骤 4

完成。

9. 牛仔裤的折叠方法

方法一：

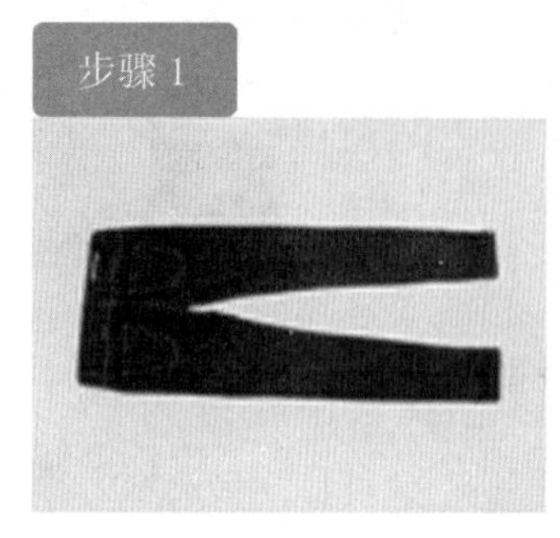

将裤子平铺，抻平褶皱。

将裤子对折，对齐。

将裤子平均分成三等分，一手捏住裤脚，另一只手捏裤管三分之一处。

两手一起提拉，将裤子折叠。

完成。

方法二：

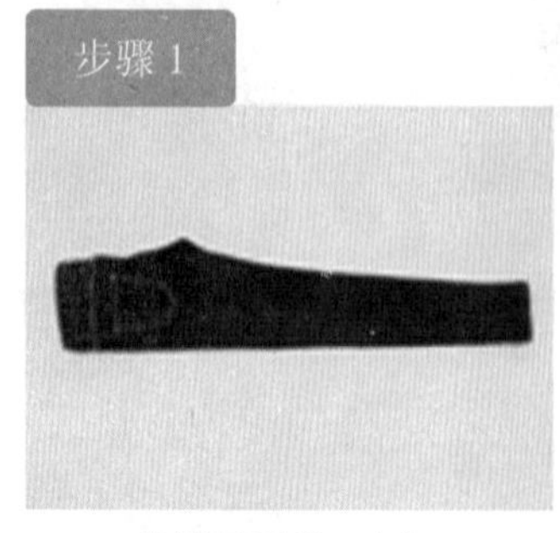

将裤子重叠、对齐。

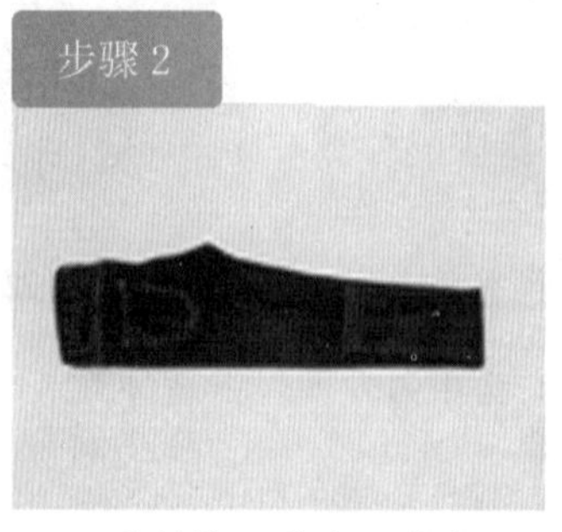

将裤脚四分之一处向上折叠。

再次折叠。

步骤 4

将裤腰部分向右侧折叠。

步骤 5

将裤裆露出来的部分塞进裤中，抚平褶皱，完成。

10. 西装的折叠方法

(1) 西装上衣

步骤 1

将西装上衣反面朝上，抻平褶皱，一侧向后折叠，袖子回折。

步骤 2

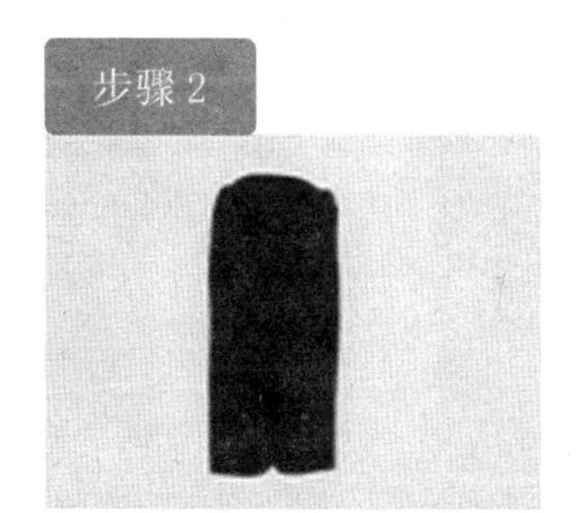

另一侧按照同样方法折叠。

步骤 3

将下摆整理好后，向上折叠一次。

步骤 4

再次折叠。

步骤 5

将折叠好的衣服正面朝上，整理平整。

(2) 西裤

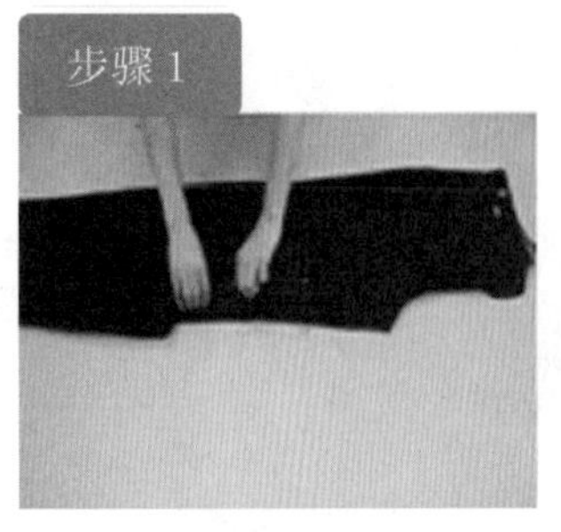

两条西裤分别按中线叠好，拉好拉链。

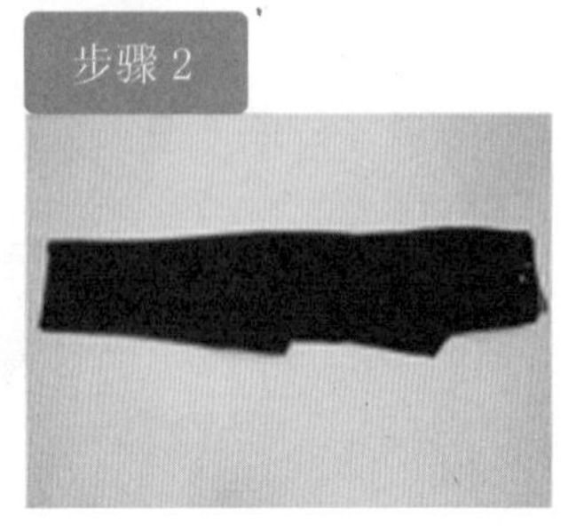

在裤的中间相互错开重叠放置。

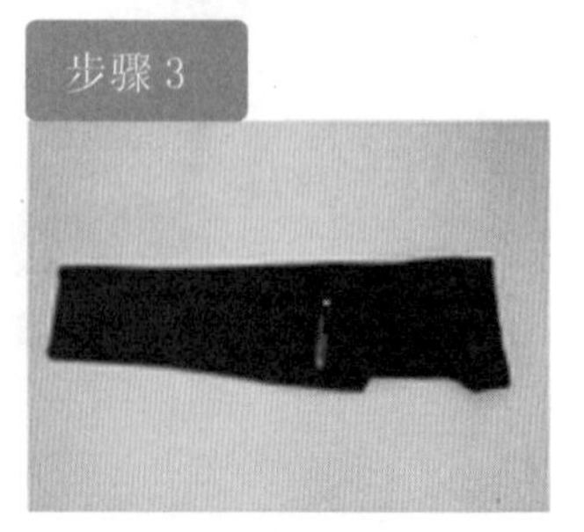

将下侧裤子的错开部分回折，折于上侧裤子的上方。

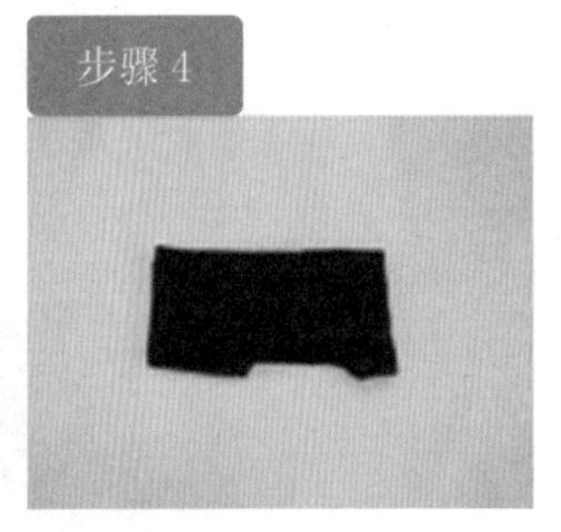

将另一条西裤裤腿部分向上回折，使两条裤子交错折叠。

可根据存放位置再折叠一次，完成。

二、衣物收藏基本要求

(一) 清洁

服装上的污垢是引起虫蛀、霉变和脆化的根源，因此衣物在入柜收藏前必须做一次彻底的清洁。即使是不经洗涤的服装，也应晾晒。同时，收藏衣物的箱和柜要保持清洁。

(二) 干燥

洗涤后的服装要充分晾干、凉透。从洗染店拿回来的服装，应放置在阴凉处半天左右，防止因蒸汽干洗留在衣服内的水汽没有完全干透。

(三) 防霉、防蛀剂的使用

防霉、防蛀剂是服装收藏保管中不可缺少的，要选用符合国家标准的纯正樟脑或防虫剂，用薄纸或纱布包好，不与衣物直接接触，挂在衣柜上方，让气味向下散发。还可以把晒干的橘子皮和丁香夹在衣柜的衣架旁，或是把干花和芳香剂等放在衣柜的底部，使衣物清香，并具有防虫的效果。

学习单元二　不同面料衣物收藏知识

掌握不同面料衣物的收藏知识

一、棉、麻服装

棉、麻服装在收藏前一定清洗干净，甚至一些新的纯棉衬衫和裙子在收藏前也需用清水洗去布上的浆料，防止虫蛀。棉、麻服装一般多采用折叠存放，由于这类服装比较耐压，可以放在衣柜的下层。同时，衣柜里可放些樟脑精。

二、丝绸服装

丝绸服装属于高档服装，收藏时应十分仔细。由于有些丝绸在直挂时会因为自身重力而变长，所以丝绸服装最好是叠放。拿专用的桃花纸或布把晾干的衣物包好，放入衣柜的上部。为了减轻折痕，可在衣服折叠处垫上一张薄纸或一块薄布。丝绸服装收藏时不宜放入樟脑精。

三、毛料服装

毛料服装在收藏时，一定要等衣服凉透后才能放入衣柜中。这类衣服一般是经常穿的外套、大衣、套装，或肩部有柔和的线条和弧度的衣服，收藏时最好用立体衣架悬挂在衣柜中，并在口袋里放入用纸包好的防霉、防虫药剂。这类服装要避免折叠，尤其是折叠后承受过大的压力，所以如果是折叠存放，应放在衣柜的上部。

四、化纤服装

化纤服装比较容易收藏，除人造棉、人造丝等薄型服装会因悬挂而伸长，不宜长期吊挂外，其余服装在存放时没有特殊要求，也不需要放置樟脑精。

五、毛衣

毛衣不能用衣架吊挂在衣柜里，应折叠起来摞在一起，或者把毛衣一件一件地卷起来，放入抽屉或收纳箱里，同时放入用纸包好的防霉和防虫药剂。

六、羽绒服

羽绒服在收藏时要注意避免重压，防止鸭绒结在一起，同时在存放羽绒服的柜中放入樟脑精，防止虫蛀。

七、革皮衣服

革皮衣服在收藏时不宜折叠，应用衣架悬挂于橱柜里，放入适量包好的樟脑精。

八、内衣

内衣适合放在小抽屉里，在抽屉里铺上白纸或薄垫，把衣物一件一件折叠好，直立式排列摆放在抽屉里。无钢丝的胸罩可将一罩杯放入另一罩杯中，肩带扣环等也一块放入该罩杯中，有钢丝的则不能对折，要平放收藏。在内衣收纳箱内可以放些干花、香片等，使内衣带香味，同时达到防虫、防菌的效果。

学习单元三　衣物鞋类储藏及防虫小窍门

掌握衣物鞋类的储藏方法及小窍门

一、收藏毛织物的窍门

(1) 毛料服装收藏前一定要洗涤干净，晾干凉透后再收藏，不给微生物以滋生的环境。晾晒时，衣服里子要朝外，放在通风阴晾处晾干，避免暴晒，待凉透后再收藏。

(2) 毛料服装应在衣柜内用衣架悬挂存放，特别是长毛绒服装更怕重压。无悬挂条件的，要用布包好放在衣箱的上层。不论以何种方式存放毛料服装，都要反面朝外，一是可以防止风化褪色，二是对防潮防虫蛀有利。

(3) 毛料服装应注意换季期的保养，特别春夏之际要防蛀虫和防霉，且应通风晾晒(一般 3～4 小时，盛夏 1～2 小时)，不可暴晒。

(4) 毛料服装在梅雨季节晾干后，最好放入塑胶袋中，加少量樟脑丸，密闭扎实袋口。

(5) 没有做成服装或存放的毛织物，都应将灰抖净，在避免阳光直射的环境中挂晾干燥，凉透后分别包好，装在衣箱里，再在箱子上下左右放上用纸包好的樟脑精等。

(6) 为了防止毛料服装及毛织品被虫蛀，可在收藏前喷洒些花椒水，用熨斗熨平，晾干放在衣箱里，或用纱布包一些花椒置于衣箱中，可防虫蛀。

(7) 平时穿用的毛料服装，一般挂放在衣橱中，较易忽略防虫。应经常清理、扫除衣橱，特别是清除蛀虫，然后在衣橱各个角落放上一包花椒。另备一些小包的萘粉和萘丸，置于毛织品衣裤口袋里，用塑胶纸套把衣裤套上挂在衣橱架上，这样可以有效地防虫蛀。

二、收藏纤维、化纤类服装的窍门

(1) 合成纤维类服装不怕虫蛀，但收藏前仍须洗净晾干，以免发生霉斑。

(2) 合成纤维类服装在收藏时，尽可能不用樟脑丸。因樟脑丸的主要成分是萘，而萘的挥发物具有溶解化纤的作用，会影响化纤织物的牢度。

(3) 化纤织物中的人造棉和人造丝等是以木材、芦苇、麦秆等为原料制的，保管不妥会被虫蛀，故收藏时须放卫生球，且衣服要叠平收藏，不可久挂在衣架上，以免变形。

(4) 涤纶、锦纶、腈纶和丙纶等合成纤维是从煤、石油和天然气中提炼而成，本身不怕虫蛀，故收藏时无须放卫生球。若是混纺织物，为防止毛、棉纤维遭虫蛀，可放些卫生球，但注意不宜过多，且不能直接与衣服接触，否则不仅会沾染衣服，而且会引起化学变化，降低衣服的牢度。

三、收藏羊毛织物的窍门

(1) 羊毛衫在换季收藏时，应洗涤干净，并在阳光下晾晒后再收藏。

(2) 羊绒服装不管穿着多长时间，即使只穿一次，也要洗涤后收藏，因羊毛纤维是一种高蛋白合成物，汗渍后极易受腐蚀和虫蛀。

(3) 如果毛衣不太脏，不想水洗，必须仔细将尘土拍净，并放置樟脑丸才能收藏。

(4) 收藏时不宜用衣架，长时间悬挂容易使羊毛织物变形，只要整平叠好放入箱内，再加入防虫剂即可。

四、收藏棉织品的窍门

(1) 棉织品由天然植物纤维织成，其特点是吸湿性强、怕酸耐碱，在收藏前一定要洗净晾干，在衣箱中放置樟脑丸收藏。

(2) 棉衣和棉大衣穿过一冬后会吸收大量潮气，沾上不少灰尘污物，特别是领口和袖口很容易脏。有条件时最好拆洗，并将棉花晒干，复原后收藏。如办不到，也应拍净灰尘，用水刷洗一次，晒干后再收藏。否则不洗晒即收藏，霉菌会大量繁殖，霉坏衣服。

(3) 在梅雨季节，应趁晴天翻晒几次。

五、收藏丝绸服装的窍门

(1) 丝绸服装收藏之前，需要彻底洗净晾干，用白布或塑胶袋包装好收藏，这样可以防止风印，避免白色丝绸服装泛黄，还能起到防潮和防尘作用。但是丝绸服装和毛料服装一样，晾晒后须凉透再收藏。

(2) 丝绸服装应与容易虫蛀的裘皮、毛料服装分别收藏，如受条件限制，不能分藏，也一定要用布或塑胶布包好，使其隔开。

(3) 丝绸服装一般比较轻薄，容易被挤压出皱褶，所以这类服装最好单独存放，或放置在衣箱的上层。

(4) 丝绸是一种天然纤维，它需要“通风”，因此收藏时不宜长期放在塑胶袋中。

(5) 带颜色的丝绸服装，特别是色彩鲜艳的服装，不宜和白色丝绸服装存放在一起;柞蚕丝绸服装也不要和桑蚕丝绸服装存放在一起,以免串色。

(6) 丝绸服装一定要用衣架挂放,以防止丝绒被压变形,影响外观。所用衣架最好是塑胶的,如果用竹木类衣架,也要在接触衣服的横杠上垫一层白布或白纸。

小贴士

三类衣物忌放卫生球

卫生球并不适合放在所有的衣服上,有三类衣服是不宜放卫生球的,不但对衣服无益,反而会损害衣服。以下三类衣服不需要放卫生球。

1. 合成纤维衣服不宜放卫生球。卫生球接触合成纤维衣服会造成萘油污迹或染上棕黄色斑痕,不容易洗掉。存放合成纤维衣服时,最好洗刷干净,晾干、凉透,不放卫生球。如果和棉、毛等衣物放在一起时,可以选用合成樟脑精或天然樟脑丸等防虫剂,这样就不会影响合成纤维的强力和拉力。

2. 浅色的丝绸服装及绣有"金""银"线图案的衣服不宜放卫生球。因为它们与卫生球的挥发气体接触后,容易使织物泛黄,"金""银"丝折断。

3. 用塑料袋装的衣服不宜放卫生球。因为卫生球中萘的耐热性很低,常温下,它的分子不断地运动而分离,由白色晶体状变为气态,散发出辛辣味。如果把它与装有衣服的塑料袋放在一起,就会起化学反应,使塑料制品膨胀,变形或黏连,损伤衣服。

六、鞋子的保养技巧

(一) 皮鞋的保养方法

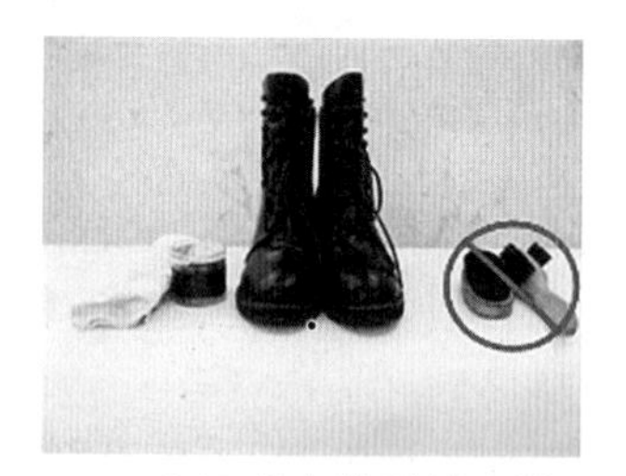

(1) 真皮材质的皮鞋用软布、膏状护理鞋油护理。刷子的硬毛会伤害皮鞋皮面,影响使用寿命,而液体鞋油水分大,会伤害皮质,尽量避免使用。

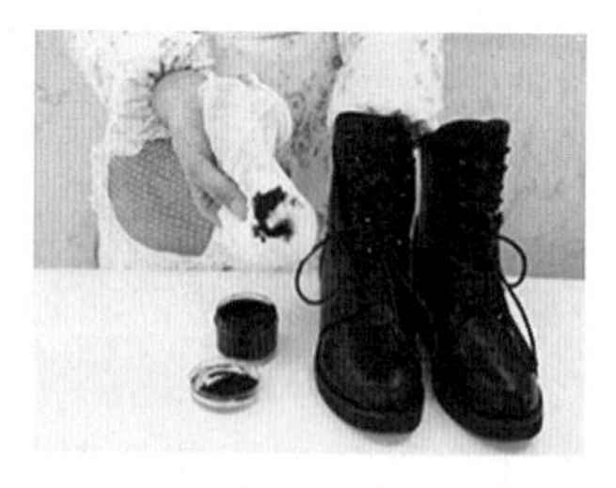

(2) 除去皮鞋鞋面污渍。用软布蘸取适量鞋油,揉匀。

(3) 自鞋头向后跟处均匀擦拭,使皮子得到滋养,延长穿着寿命。

（二）磨砂皮鞋的保养方法

（1）用软毛刷、磨砂皮专用护理剂、去污胶擦有奇效。

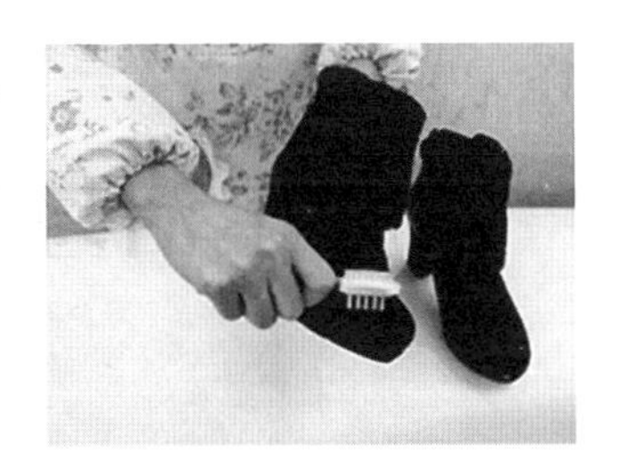

（2）磨砂皮沾了灰尘后，不要用湿布擦拭，应用软毛刷、丝袜、澡巾等自鞋头向鞋跟轻刷鞋面，清除灰尘。

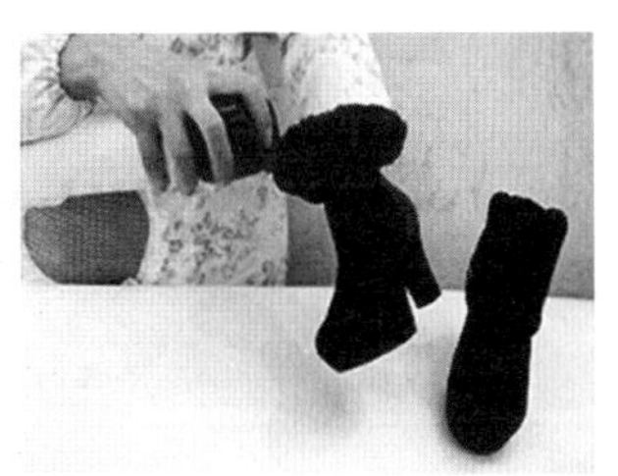

（3）磨砂皮护理剂在使用时应距离鞋面20～25cm，呈雾状地喷在鞋面上。

七、皮鞋类的收藏方法

皮鞋收藏前要先清理干净，用软布拂去鞋面浮尘，把鞋底擦净。真皮材质的鞋面不能用湿布擦，更不能放在水中浸洗，否则容易擦去鞋面上的色光浆而影响美观，沾水过多还会使皮质逐渐变硬。收藏时应把鞋内的汗水、潮气晾干，将鞋盒中自带的软纸，撑鞋物塞入鞋内，保持鞋型，以免鞋面松塌。靴子的靴筒一定要用硬纸壳（靴撑）或软纸撑起来，以免走型。最后，将保养好的皮鞋放入鞋盒内，置于干净、阴凉、通风处保存，并定期护理。

第四章　家庭生活垃圾分类

第一节　垃圾分类与收集

学习单元　垃圾分类与收集

1. 掌握垃圾分类的定义
2. 掌握垃圾分类收集
3. 掌握垃圾分类难点
4. 掌握收集工具使用常识

一、垃圾分类定义

垃圾分类是将垃圾按“可回收再使用”和“不可回收再使用”分门别类地投放清运和回收,使之重新变成可利用资源。

二、垃圾分类收集

(一) 收集作业时产生的垃圾

在保洁过程中,清洁墙面、桌面、家具、电器、地面时产生的垃圾,应用扫帚聚集在一起,扫至簸箕中,倒入家庭使用的垃圾桶中。对于灰尘或者细小的垃圾可以使用吸尘器,然后将吸尘器中的垃圾倒入垃圾桶中。

(二) 收集巡查发现的垃圾

完成保洁工作后,进行室内巡查,发现有遗漏的未清洁干净的地方,应重新清洁,将重新清洁后产生的垃圾,用扫帚或者吸尘器收集到垃圾桶中。对于零散的垃圾,可使用垃圾夹将其夹至垃圾收集器中，对于灰尘或者很细小的垃圾，可用吸尘器清洁，等全部收集完毕后，再倒入垃圾桶中。

三、垃圾分类难点

(1) 垃圾分类处理的设备较少，通过机械化分类成本较高，规模有限，不能满足垃圾分类处理的需要。

(2) 民间自发的拾荒者，均是无照经营，缺乏规范、检验和约束，致使垃圾在捡拾、收集、运输、加工过程中造成严重的二次污染。

(3) 垃圾道成为许多地方的卫生死角，脏乱不堪、蚊蝇张狂。

(4) 袋装垃圾并非长久之计。

(5) 分类垃圾桶的困惑。虽然采用了分类垃圾桶，但许多人不知如何进行分类投放，不知道什么是可回收的垃圾。

(6) 没有完整的收购、运输、销售、加工、成品市场等再利用产业体系。

四、收集工具使用常识

家居保洁中使用的专门的垃圾收集工具，包括垃圾收集器和垃圾夹。一般保洁工具也可用作垃圾收集工具，例如扫帚、吸尘器和簸箕。

(1) 垃圾收集器，又名垃圾斗、簸箕或畚箕。利用垃圾收集器清除垃圾时不用弯腰，用时门会自动打开，配合垃圾夹或捡拾器使用，将拾到的垃圾放置到垃圾收集器中。

(2) 垃圾夹、垃圾捡拾器可用作高处取物、狭缝取物、小孔取物、地面物品捡拾、各种玻璃器皿拿取，安全卫生。使用时，直接用垃圾夹对准垃圾，夹起即可。使用垃圾夹捡拾垃圾不用手，不弯腰，可预防职业病。

(3) 扫帚可将垃圾清扫至簸箕中，然后运送至堆放垃圾的地方。

(4) 吸尘器则对细小的垃圾和不好清扫的灰尘非常有效，可将这些垃圾吸至吸尘器后，再一起倒至堆放垃圾的地方。

(5) 簸箕是收运垃圾的工具。

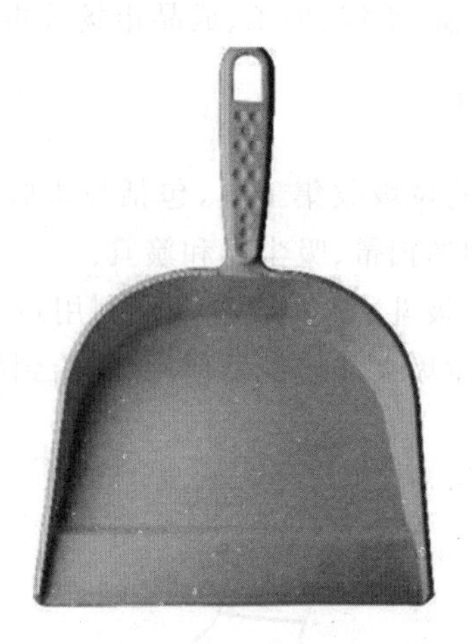

第二节　保洁作业结束工作

学习单元　保洁作业结束工作

学习目标

1. 掌握垃圾装载工具的使用常识
2. 掌握垃圾运输
3. 掌握杂物整理

一、垃圾装载

垃圾装载工具的使用常识：

(1) 垃圾装载工具主要为分类的垃圾桶。在装入过程中，应注意垃圾桶的大小要与垃圾大小匹配。如果垃圾太大，如家庭废弃家电或者家具等，难以装入垃圾桶，需要直接将垃圾搬运至小区的垃圾箱。

(2) 在垃圾桶的装载过程中，注意关闭垃圾桶的桶盖，以避免垃圾遗洒，以及垃圾臭味外溢。

二、垃圾运输

(一) 垃圾运输

运输垃圾到指定地点，主要是点对点的垃圾运输。近距离的垃圾运输，可以采用人工将垃圾放置到垃圾桶。较远距离的垃圾运输，则可以采用专用的垃圾运输车进行运输。

(二) 防止垃圾遗洒

为防止垃圾遗洒，在运输过程中要保证盖好垃圾桶的桶盖或垃圾袋无破损现象，同时保证垃圾桶不要倾斜得太低，以免垃圾溢出。特别是在下楼和转弯处，要注意用手压好垃圾桶的桶盖，防止因为身体倾斜或者移动导致垃圾的遗洒。使用家庭垃圾车进行垃圾运输时，要确保车厢紧闭，无垃圾外露、挂包和扬洒，无渗漏液滴洒路面。

(三) 垃圾运输工具的使用常识

垃圾运输工具主要包括常规型的垃圾桶、专业垃圾运输工具和垃圾运输车。

垃圾桶在运输过程中要注意盛装垃圾后盖紧桶盖。垃圾运输车则需要有专业驾驶执照的人员操作使用。

三、杂物整理

每个家庭在长期的生活中，日积月累地积攒了种类繁多、大大小小的物品。作为家务助理员要把雇主家庭中的这些物品分类放置，提升居室的整洁和美观度，降低使用难度。为了方便拿取，节省时间，我们要学会将雇主家中的这些物品进行归类存放。

(一) 可按用途存放

厨房类的用具放置于厨房，如厨房处的垃圾桶切莫放厕所或客厅，清洁工具不要散落在各个房间，清洁的抹布要统一放置于卫生间或阳台。

(二) 可按类别存放

如熨烫设备统一放置在储物间或熨烫室。

(三) 可按大小存放

如厨房用品可按大小放入橱柜相应隔柜当中。

(四) 可按是否易碎品存放

将物品分别装入柜和橱中,在归类装箱时要在柜、橱和箱上贴标签,写明内装物品的名称和数量,易碎的物品要标明不能重压等,这样在使用时就方便多了。

第三节 家庭生活垃圾分类

学习单元 家庭生活垃圾的分类

1. 掌握家庭生活垃圾的分类定义
2. 掌握家庭生活垃圾的分类标准
3. 掌握家庭生活垃圾的分类原则
4. 掌握家庭生活垃圾的分类标识
5. 掌握家庭生活垃圾的分类方法

一、家庭生活垃圾的分类

生活垃圾是指在日常生活中或者为日常生活提供服务的活动中产生的固体废物以及法律、行政法规规定视为生活垃圾的固体废物。法律意义上的生活垃圾的概念比较大,包括诸如家用电器、废家具、废轮胎以及餐饮业、商业、服务业等产生的各种废物,一般是指除工业废物之外的固体废物的统称。日常生活中所讲的生活垃圾是指由家庭日常产生并由城市环境卫生机构收集处置的混合废物,以及性质类似的办公、商业和园林等废物。

二、家庭生活垃圾的分类标准

居民生活垃圾分为可回收垃圾、厨余垃圾、有毒有害垃圾和其他垃圾四类。我们可在上述四类垃圾的基础上进行细分。

(一) 可回收垃圾

可回收垃圾包括下列生活垃圾中未污染的、适宜回收循环使用和资源利用的废物。

1. 废纸类

报纸、杂志、书籍、宣传单页、信封、食品及物品等包装纸盒、购物纸袋、蛋盒、饮料及牛奶等纸包装、方便面盒、一次性纸杯、一次性餐具、计算机打印纸、复印纸、传真纸、便条、月历、笔记本、纸箱等。

2. 废塑料

塑料袋、塑料餐具(便当盒、碗、匙)、塑料生鲜食品盒、保鲜袋(膜)、薄膜、塑料瓶、塑料食品油罐、塑料盆桶等容器、塑料日用品、塑料凳椅、塑料文具、塑料玩具、有机玻璃制品、光盘磁带、过塑膜、保护膜、牙刷、牙膏皮、泡沫塑料等。

3. 废金属

易拉罐、罐头盒、玩具、餐具、锅、壶、罐、盒、盆、桶、床、桌、椅子、金属生活用品用具、铁丝、铁钉、铁板、废铜、废铝等。

4. 废玻璃

玻璃瓶、玻璃杯、玻璃桌面、玻璃茶几、玻璃窗等有色和无色玻璃制品。

(二) 厨余垃圾

厨余垃圾指家庭产生的有机易腐垃圾,包括食品制作过程废弃和剩余废弃的食物,如米饭、面食、过期食品、肉类、鱼虾(可含壳)类、螃蟹壳、贝壳、骨头、蔬菜、瓜果、皮壳、蔗渣、茶叶渣、榴梿壳、椰子壳,以及家庭盆栽废弃的树枝(叶)等。

(三) 有毒有害垃圾

有毒有害垃圾指存有对人体健康有害的重金属、有毒物质或者对环境造成现实危害或者潜在危害的废弃物。有毒有害垃圾包括家庭日常生活中产生的废药品及其包装物、废杀虫剂和消毒剂及其包装物、废油漆和溶剂及其包装物、废矿物油(废化妆品等)及其包装物、废胶片及废相纸、废荧光灯管、废温度计、废血压计、废充电电池、废纽扣电池、废镍铬电池以及电子类危险废物等。

(四) 电子废弃物

电子废弃物又称电子垃圾,主要包括各种电脑、电子通信设备、电视机、电冰箱等废旧家电,以及被淘汰的精密电子仪器仪表等。

电子垃圾中含有大量可利用的聚酯、塑料、玻璃、稀有贵金属等资源。大致可分为两类：一类是所含材料比较简单,对环境危害较轻的废旧电子产品,如电冰箱、洗衣机、空调等家用电器,以及医疗和科研电器等,这类产品的拆解和处理相对比较简单;另一类是所含材料比较复杂,对环境危害较大的废旧电子产品,如电脑、电视机显像管内的铅,电脑元件中含有的砷、汞和其他有害物质,手机原材料中的砷、镉、铅以及其他多种持久降解和生物累积性有毒物质等。通过人工拆解和机械拆解分拣对电子废弃物进行综合处理,不仅能保护自然环境,而且能够对某些资源进行回收再利用,达成降低元器件制造成本的目的。

电子产品包括了电器器具和电子器具两大部分。其中,作为电子废弃物主要来源的家用电器,是以上两大部分的统一体。我国基本上是按用途分类,一般分为如下十四类。

1. 制冷器具

如电冰箱、冷冻箱、冷饮机、制冰机、冰淇淋机等。

2. 空调器具

如空调器、电风扇、除湿机、加湿机、恒温恒湿机等。

3. 取暖器具

如空间加热器、板式电暖器、远红外电取暖器、电热毯、温足器等。

4. 厨房器具

如电饭锅、电炒锅、电煎锅、电炸锅、电火锅、电蒸锅、电热锅、电烤箱、三明治烤炉、多士炉、烤面包器、家用磁水器、家用净水器、油烟过滤器、开罐器、电水壶、电咖啡壶、电灶、微波炉、电磁灶、电切刀、洗碗机、搅拌机、果汁机、去皮机、绞肉机、混合机、食物保鲜器和嫩化处理机等。

5. 清洁器具

如洗衣机、干衣机、真空吸尘器、地板打蜡机、上蜡打光机、擦窗机、淋浴器等。

6. 美容器具

如电吹风、电推剪、电动剃须刀、多用整发器、烘发机、修面器等。

7. 熨烫器具

如普通电熨斗、调温电熨斗、喷雾电熨斗、喷汽电熨斗、熨衣机、熨压机等。

8. 电声器具

如收音机、录音机、电唱机、扩音机、对讲机、数字唱片及唱机、音箱、立体声组合音响设备等。

9. 视频器具

如电视机、录像机、摄像机、CD 机、VCD 机、DVD 机等。

10. 娱乐器具

如电子玩具、电动玩具、电子游戏机、电子乐器、钓鱼器、音乐门铃等。

11. 保健器具

如空气负离子发生器、碱离子分解器、按摩器、催眠器、脉冲治疗器、磁疗机、远红外保健器、电动牙刷、口腔清洁器、助听器、电灸器、热敷器等。

12. 照明器具

如吊灯、吸顶灯、壁灯、落地灯、台灯、射灯及其他新型灯具等。

13. 计算机和通信器具

如家用电脑、手机、传呼机、电话等。

14. 其他器具

如定时器、程序控制器电子、电动缝纫机、电动自行车、电子表、电子钟、电子门锁、计算器、翻译器、万用表、电度表等。

(五) 大件垃圾

大件垃圾是指体积较大,整体性强,需要拆分再处理的废弃物品,包括废家用电器和家具等。

(六) 其他垃圾

其他垃圾指除可回收物、厨余垃圾、有毒有害垃圾以外的其他生活垃圾,包括居民家庭生活中废弃的妇女用卫生巾、婴儿纸尿裤、餐巾纸、烟蒂、陶瓷制品、玻璃纤维制品(如安全帽)、海绵、旅行袋、球类、花盆、地毯、塌垫、浴巾、毛巾、帽子、棉被、枕头、床单、床罩、布料(含碎布)、衣服、鞋类、袜子、窗帘、桌布、围裙等。

家庭生活垃圾的分类

1. 可收集垃圾

（1）可燃烧垃圾

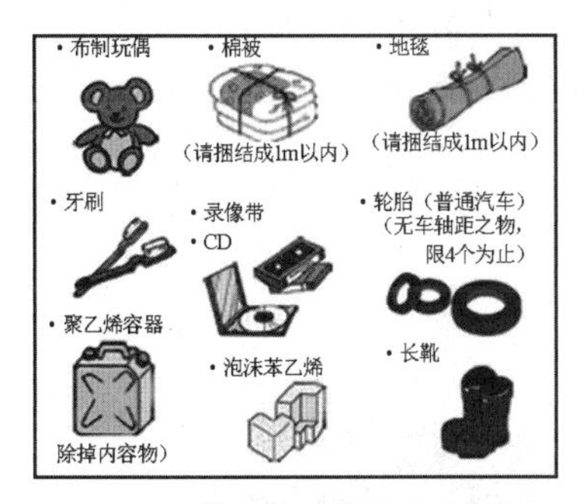

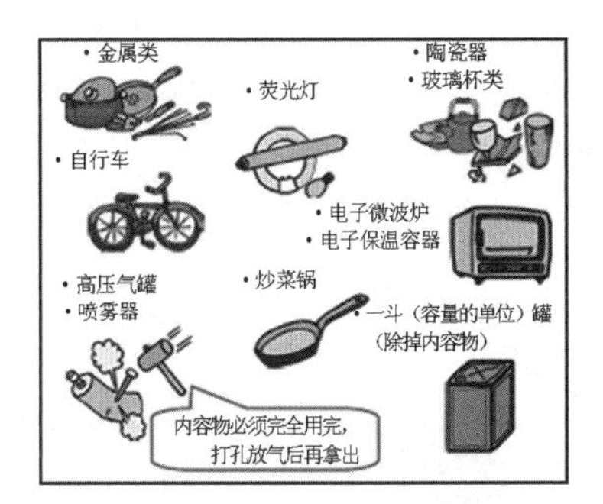

（2）不可燃垃圾（塑料、塑胶类）　（3）不可燃垃圾（金属、玻璃、大型垃圾类）

2. 工业废弃物、资源再利用家电制品、电脑等无法收集处理，请勿随意丢弃。应由购买的商店或专门店回收，或拿到处理资源再利用垃圾的地方。

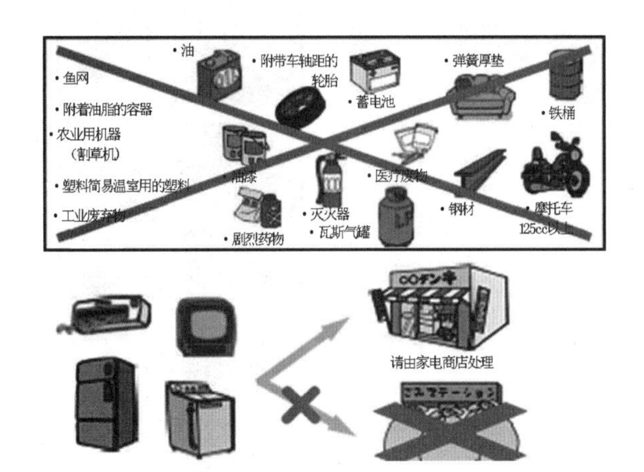

三、分类原则

处理家庭生活垃圾，要坚持下面三项原则。

（一）及时处理原则

家庭生活垃圾每天都在源源不断地产生。这些小量垃圾常常带有多种病菌和寄生虫卵，存放时间过长，其中的有机物质就会腐烂分解，散发出大量有害气体，污染家庭环境，危害人的健康。因此，家庭生活垃圾最好是即有即倒，日产日清。

（二）分类处理原则

科学处理生活垃圾，应按垃圾种类分别进行。比如，各种洗涮用水和残汤剩饭，可以倒入便池中冲掉；灰尘、果皮、纸屑、菜叶、骨头和包装袋等固定垃圾，应装入垃圾容器或倒入垃圾通道内；废旧衣服、鞋帽、家具等大件废品，应及时整理，该卖则卖，该送则送，该扔则扔。家庭垃圾处理切忌不分类型，乱泼乱倒、乱丢乱摔、乱堆乱放。

（三）袋装处理原则

袋装化是城市垃圾处理的方向。提倡垃圾袋装方式有很多好处，如便于封闭集中，防止垃圾散发异味，便于异地收集和运输，有利于环卫工人清扫等。所以，家庭生活垃圾的处理，最好采用袋装方式——将垃圾分类装入不同的塑料袋中，封口后放入指定的垃圾容器或通过垃圾通道处理掉。

四、分类标识

（一）分类垃圾标识

(二) 分类垃圾桶标识

可回收物收集容器为蓝色,厨余垃圾收集容器为绿色,有害垃圾收集容器为红色,其他垃圾收集容器为黄色。

知识链接

国外特色垃圾桶

英国:垃圾桶有半间屋子大

英国的垃圾主要分为四类:一是花园的杂草树枝,二是报纸期刊,三是瓶瓶罐罐,四是不可回收利用的生活垃圾。英国城市居民的门前或房后都摆着市政部门提供的不同颜色的大垃圾桶,里面衬上相应颜色的塑料袋。这种垃圾分类的规定在英国已经实行多年,居民们大都会自觉照办。垃圾放错了,会受到处罚,严重的还可能遭到起诉。

而在一些小城镇,可回收利用的垃圾桶往往设在镇中心的公共停车场内,主要有玻璃瓶子和塑料瓶子之分,分别用绿色和灰色的垃圾桶装收。垃圾桶是封闭的,有半间屋子那么大,在一人高的地方开着一个圆形的窗口,供人们往里边投放垃圾物品。在一些城镇的街上,经常可以看到路边摆着一个巨大的黄色箱子,这意味着附近有人在修理房屋,箱子是装建筑垃圾用的。

法国:"大肚子"专"吃"瓶子

在法国,分类处理自家的垃圾已成为每个法国人每天必做的一件事情,从十岁孩子到八旬老人都知道"不同的垃圾不能扔进同一个箱子"。正是在民众的自觉参与下,每年法国80%的废弃包装类垃圾都得到了循环处理。63%的废弃包装类垃圾经再处理后被制成了纸板、金属、玻璃瓶和塑料等初级材料,17%被转化成了石油、热力等能源。

韩国:垃圾桶多带有烟灰缸

在韩国,垃圾回收是定点定时的。如某社区规定,周二、周四和周日可以扔生活垃圾,而且必须在天黑以后才能扔。各种生活垃圾必须用专门的垃圾袋来装,再分别扔进各类垃圾桶。如饮食垃圾有专门的回收桶,需要装在特制垃圾袋里,还有专门回收旧衣服、鞋子、旧被子、毛地毯的回收箱。

韩国的大马路两边很难找到垃圾桶,垃圾桶都在公共汽车站、大楼出入口旁边等人流多的地方。这些垃圾桶多带有烟灰缸,为烟民提供方便的同时,又排除了火灾隐患。

澳大利亚:垃圾桶盖分红、黄、蓝

走在悉尼的大街小巷,你会发现深绿色的大垃圾桶整齐地摆放在街道两边,红、黄、蓝三种不同颜色的桶盖让"垃圾分类"一目了然。在每个居民小区,各类垃圾要送到指定地点,社区管理部门向每个家庭定期提供可循环使用的多层垃圾袋,家庭处理不了的有机物每周由专人至少收集一次。乱扔垃圾虽然时有发生,但被发现后要付出"惨重的代价",高达1500澳元(约合人民币9000元)的罚款就是其中之一。

五、分类方法

(1) 居民应按生活垃圾分类标准将垃圾分别装袋,根据本区域生活垃圾排放管理规定,将垃圾投放到楼道或垃圾房的分类容器中,由环卫工人进行收集。受环境条件制约的住宅区,居民可先将垃圾分成厨余垃圾与其他垃圾两类进行排放,环卫工人收集后再按四类标准进行二次分类。

(2) 可回收垃圾可预约服务企业上门有偿回收,或自行送至就近回收点交易,或投放至可回收物收集容器。厨余垃圾使用专用垃圾袋,密闭投放至厨余垃圾收集容器。有害垃圾投放至居民生活区指定投放点的有害垃圾回收容器,或投放至商店、企业设置的专用回收箱。其他垃圾投放至其他垃圾收集容器。

(3) 生活垃圾排放时,应将垃圾准确投入收集容器,防止影响环境卫生,造成环境污染。

(4) 废纸类投放前,应去除塑料封面、外封套、钉针等,铺平叠好,并加以捆绑;瓶罐等容器应倒空内装物,饮料盒应抽出吸管并压平;由纸、塑、金属等混合组成物品应尽可能按属性进行拆解;碎玻璃等坚硬锋利物品应用纸包好,以免伤人。

(5) 居民家庭废旧家具、废旧大件电器及电子产品等大件垃圾投放,可预约环卫服务企业上门收集搬运,并支付劳务费。

(6) 人行道、绿地和休闲区等公共区域不可进行可回收物的分拣和贮放。

(7) 废弃花草应根据本区域城管部门的要求,定时定点排放,综合利用。

废弃物分类方法

1. 普通可回收废弃物:指废弃物无化学性危害,并且具有再利用价值,如纸张类、塑料类、玻璃类等。

2. 普通不可回收废弃物：指废弃物无化学性危害，但无再利用价值，如建筑垃圾类、生活垃圾类等。

3. 危险可回收废弃物：指经过加工处理后可以直接或间接利用或转做他用的危险废弃物，如废三氯乙烯、丁酮等。

4. 危险不可回收废弃物：指无利用价值且经过特殊处理才能不危害环境的危险废弃物，如废电池、废日光灯管、废电路板、废墨盒等。

第四节　垃圾的回收利用

学习单元　家庭废品分类处理回收利用

1. 掌握家庭废品分类技巧
2. 掌握旧衣服的回收利用
3. 掌握废纸的回收利用

一、家庭废品分类技巧

(一) 袋子的大用途

很多家庭一般房子本身的使用面积并不充裕，在本来就不多的空间里增加分类垃圾桶的位置就显得有点奢侈。对于这种情况，利用环保袋或者可重复利用的购物袋来存放报纸、纸张和布料等可回收再生废品是个好方法。利用这种壁挂废品分类方法，既不会影响任何使用空间，也能长期存放废品。

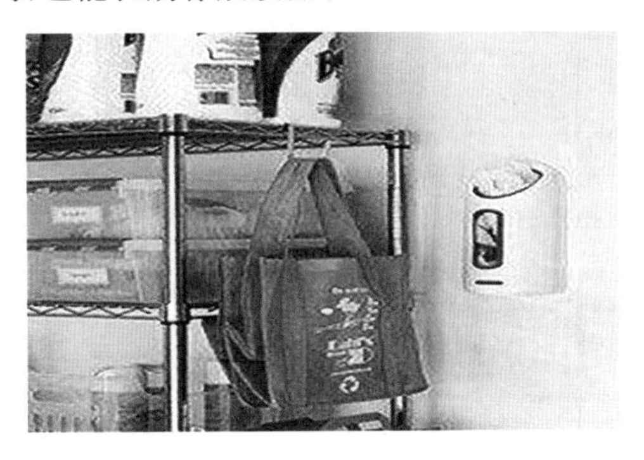

（二）善用橱柜空间

一般家庭会在厨房里放置一个垃圾桶，因为厨房是最容易产生生活垃圾的地方。家庭可以利用橱柜的部分空间实现废品的分类，如在平板抽屉里存储废报纸，而较大的拉篮里则可放置一些塑料瓶罐、玻璃瓶罐和其他可回收金属物件。这种合理的布局方式并不影响厨房里的正常储物。

（三）利用厨房转角位

厨房转角的橱柜是一个可利用的收纳空间。如果能够在这里放置两个大型的塑料桶，用以收纳家中废品，可算是物尽其用了。

（四）隐蔽角落藏废品

为了让家庭布置看起来美观整洁，一般视线无法触及的底部空间是分类归置家庭废品的好地方。例如，如果利用壁柜下的空间，放置几只可移动的储物箱或金属篮子，就完全不用担心家中的布置会由于废旧品处理存放而受到破坏。

（五）设置专门的置物架

利用塑料置物架也是处理家庭废旧品的有效方法。将空的饮料罐、塑料瓶或者旧报纸全部收集在这里，在废品回收人员上门处理前让这些废品有一个安身的空间。

（六）竹筐自有大用处

把所有的分类垃圾桶收容在一个大型的竹筐中，平时用活动的搁架或挡板盖住，起到隐蔽的作用，让垃圾回收处实现实用与美观兼容，并使竹筐能更好地融入整个家居环境中去。

（七）鞋柜挤挤更高效

进门处的鞋柜底部是暂时收容生活废品的好地方。可选择几只与空间整体色彩搭配的收纳方盒，使家庭废品在回收前拥有一个完美的处理方案。

（八）奢侈的专设房间

如果居室空间充足，可以选一个单独的房间作为专门的家庭废品储藏室。选择可反复使用的环保袋或塑料收纳盒，并进行家庭废品分类。充分利用这个房间的空间，这种收纳方法能让你的生活更加有序。

（九）明了的分类标签

多准备几只垃圾桶，按照有机垃圾和不可回收垃圾的分类，在垃圾桶上面标明所回收的垃圾类别，一步简单的操作就能让你在家里完成初步的垃圾分类，并慢慢养成良好的垃圾回收习惯。

二、旧衣服的回收利用

主人穿过两三次，却不想再穿或穿不下的衣服淘汰给我们，作为中级家务助理员可以通过小区举办的跳蚤市场，送到新主人的手中，实现物尽其用。还可以将其他的旧衣服，送到宗教组织和慈善团体，或在规定的时间打包交给清洁员，或投到经地方政府核准设置的旧衣回收箱。

三、废纸的回收利用

如果雇主家中有旧报纸、纸盒等废纸，可以卖给回收商，或用绳子扎好，在规定的时间交给清洁员。但如果是小区和办公室的回收物，可以先准备四个纸箱，把废纸分为白纸类、混合纸类、报纸类及牛皮纸类等分类回收，可以卖比较好的价钱，分类后的废纸利用价值也提高了。不过请记住，若是纸上有油渍、塑料覆膜，或是复写纸、蜡纸、掺有其他成分的如金属的合成纸、用过的卫生纸、纸尿片，都是不能再生的，不要混入可回收的废物中。

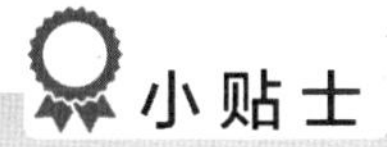

房间里生活垃圾的分类及处理方法

准备两个垃圾筐和两个纸箱。

1. 在家里的厨房设两个垃圾筐。一个可放置确定没有任何用处的垃圾。如果是剩饭菜及汤水，先用一个不漏的小袋子扎紧，再放进垃圾筐，免得漏得到处都是。一个是用于存放各类塑料，包括用不着的塑料袋、塑料瓶、小药瓶等。塑料袋装满以后，出门时不要投入外边的大垃圾桶，而是送给拾荒的人，或者放在垃圾桶边，便于收走。

2. 在一个比较方便的地方放一个大纸箱，存放各类用不着的纸类，包括各种废纸、包装盒、纸袋、纸箱等。纸箱满了以后，用脚踩实捆紧，存到车棚，再定期送到废品收购站，能卖些零钱。

3. 在阳台放一个纸箱，存放各类玻璃瓶，包括药瓶、酱油瓶、醋瓶等。等玻璃瓶存放一定量以后，送废品收购站，可以卖钱，不值得卖钱的玻璃废品，用小袋子提到垃圾回收公司，以减少垃圾中的玻璃量，保护垃圾回收公司的设备。

第五节　家庭生活垃圾的收集

学习单元　家庭生活垃圾的收集

学习目标

1. 掌握家庭生活垃圾收集的定义
2. 掌握垃圾分类收集的意义
3. 掌握垃圾收集处理的一般方法
4. 掌握家庭生活垃圾投放处理

一、家庭生活垃圾收集的定义

家庭生活垃圾的分类收集是一项系统工程，是从垃圾产生的源头按照垃圾的不同性质和不同处置方式的要求，将垃圾分类后收集、储存及运输。分类收集是城市生活垃圾处理体系中的关键环节，是城市生活垃圾处理发展过程中的一个重要步骤。分类收集可有效地实现废弃物的重新利用，最大限度地实现废品回收，为卫生填埋、堆肥、焚烧发电、资源综合利用等先进的垃圾处理方式的应用奠定基础，为垃圾处理实现减量化、资源化、无害化目标创造良好条件。

二、家庭生活垃圾分类收集的意义

目前，我国的垃圾处理多采用卫生填埋，甚至简易填埋的方式，占用上万亩土地，并且导致虫蝇乱飞、污水四溢、臭气熏天，严重污染环境。垃圾分类收集可以减少垃圾处理量和处理设备，降低处理成本，减少土地资源的消耗，具有社会、经济和生态三方面的效益。

（一）垃圾分类处理的意义

1. 减少占地

生活垃圾中有些物质不易降解，使土地受到严重侵蚀。垃圾分类时，去掉可以回收的、不易降解的物质，减少垃圾数量可达60％以上。

2. 减少环境污染

废弃的电池含有金属汞、镉等有毒的物质，会对人类产生严重的危害；土壤中的废塑料会导致农作物减产；抛弃的废塑料被动物误食，使动物死亡的事故时有发生。因此，回收利用垃圾可以减少危害。

3. 变废为宝

中国每年使用塑料快餐盒达40亿个，方便面碗5亿～7亿个，一次性筷子数10亿双，这些占生活垃圾的8％～15％。1吨废塑料可回炼600kg的柴油；回收1500t废纸，可免于砍伐用于生产1200t纸的林木；1t易拉罐熔化后能结成1t很好的铝块，可少采20t铝矿。生活垃圾中有30％～40％可以回收利用，如可以利用易拉罐制作笔筒，既环保，又节约资源。

（二）垃圾分类收集的意义

1. 减少垃圾处理量

生活垃圾在源头、中转、运输等环节经过分类回收后，不同类型的垃圾被分离出来。可回收利用的重新进入到生产生活的循环过程当中，有毒有害的垃圾纳入危险废物收运处理系统，其他垃圾根据末端处理流向分类处理。垃圾分流后，进入环卫系统的垃圾处理量会相应减少。

2. 实现垃圾资源化利用

现代生活中，生活垃圾被认为是具开发潜力的、永不枯竭的"城市矿藏"，是"放错地方的资源"。这既是对生活垃圾认识的深入和深化，也是城市发展的必然要求。尽可能充分地利用资源，可使更多的垃圾作为"二次资源"进入到新的产品再生循环中。

3. 促进垃圾无害化处理

垃圾混合收集会加大垃圾的分拣和处理的难度，甚至会发生化学反应，增加垃圾的毒性和危害性，加剧环境的污染。垃圾分类可以避免垃圾之间的相互污染，降低垃圾处理成本，为卫生填埋、堆肥、焚烧发电、资源综合利用等垃圾处理的应用奠定基础。

4. 减少垃圾收运处理费用

垃圾经过分类回收后，部分垃圾被作为再生资源重新投入生产，使需处理的垃圾量大大减少，垃圾处理费用随之降低，防治环境污染的工作量和难度降低，相应的运营费用也会减少。

三、收集处理的一般方法

(一) 巨大垃圾收集一般方法

在实施"垃圾不落地"的地区(如台北市)，若家中有几件废家具要处理，可以打电话到环保部门询问，在指定时间将其放置在指定地点，环保部门会免费前往清运处理。如果数量太多，则必须付费委托民营业者帮助处理。在有收集垃圾机构的地区，可以打电话到当地环保部门，询问收取大型家具的日期，一般各乡、镇每周都会固定某一天收取大型家具等巨大垃圾。

(二) 处理厨余垃圾一般方法

观察雇主家到垃圾车或垃圾点之间的道路，如果经常有点点滴滴的水痕，并夹带着臭味，这表明装载的垃圾太湿了。所以一般步骤即是应先沥除水分，后妥善包装。如果雇主家的流理台是不锈钢制的，底部一般有一个不锈钢的筛网，把厨余垃圾往筛网中一倒，其中的水分会流入下水道，残渣则会留在筛网中，再把残渣丢到袋里就可以了。超市还提供一种套在筛网上的小塑料网，把这种小网套在筛网上，等残渣积满后，再把小网套取出来，扎紧袋口丢掉，也较方便，不过花费偏高。

还有一种方便的方法是剪下一小段破损不用的丝袜，把一头扎起来，成为一个小尼龙网，套在水槽的节网内，就可以轻易地去除残渣了。如果家中水槽没有不锈钢制的筛网，可以在市场里买一种三角形的塑料网篮，平日摆在水槽的一角，可以随时过滤厨余中的水分了。如果平日注意这些，厨房的水管既不易阻塞，也不会倒灌出腐臭的酸味。

(三) 处理尖锐废品一般方法

只要是清洁部门工作人员，就几乎没有不被藏在垃圾包里的尖锐物品刺伤过的。最常刺伤他们的物品就是牙签，其次是玻璃碎片、刀片、针等物品，所以作为家务助理员更应从专业垃圾收集的方法中为他们考虑。具体方法如下：最好是用旧报纸把破碎的物品包好，装在垃圾袋内，外面再用签字笔或字条注明"内有利器"。如环保部门指定的饮料、酱油、酒及酱菜的玻璃容器都必须回收，可以把玻璃瓶从一般的垃圾中挑出来，交给资源回收车、拾荒者，或通过厂商建立的其他回收渠道来回收，如部分酒公司的米酒和玻璃容器可以在购买的商店退瓶回收，这样就减少了碎玻璃伤人的意外事故。

(四) 处理竹片等废品一般方法

有些过长的垃圾(如竹竿、木板等)若放不进垃圾车，最好先经过裁剪并捆扎，再交给清洁人员，或放入垃圾点。

四、家庭生活垃圾投放处理

(一) 垃圾投放

1. 投放前

(1) 纸类应尽量叠放整齐，避免揉团。

(2) 瓶罐类物品应尽可能将容器内产品用尽，并清理干净后投放。

(3) 厨余垃圾应做到袋装、密闭投放。

2. 投放时

(1) 应按垃圾分类标志的提示，分别投放到指定的地点和容器中。

(2) 玻璃类物品应小心轻放，以免破损。

3. 投放后

应注意盖好垃圾桶盖，以免垃圾污染周围环境，滋生蚊蝇。

(二) 垃圾收集

1. 收集垃圾时，应做到密闭收集，分类收集，防止“二次污染”环境。垃圾收集后应及时清理作业现场，清洁收集容器和分类垃圾桶。

2. 非垃圾压缩车直接收集的方式，应在垃圾收集容器中内置垃圾袋，通过保洁员密闭收集。

垃圾回收问题实例

1. 啤酒瓶收破烂的都不要了，算其他垃圾吗？

答：不算。因为啤酒瓶能卖钱，属于可回收物，只不过是它个头大，利润小。如果嫌它放置占地方，可投放在社区的蓝色“可回收物”箱内。

2. 几颗不用的塑料纽扣，是可回收物吗？

答：是。除塑料袋外的塑料制品，比如泡沫塑料、塑料瓶、硬塑料、橡胶及橡胶制品等，都属于可回收物。专家说，如果数量不大的话，如纽扣也可以投在“其他垃圾”里。

3.速冻饺子、豆腐包装盒，都是厨房里产生的垃圾，是厨余垃圾吗？

答：不是。一次性餐具和食品包装袋都归属于“其他垃圾”。另外，用过的餐巾纸、卫生间的纸、抽过的烟头和旧衣物，也属于“其他垃圾”。

4. 花生壳算其他垃圾吗？

答：算。

5. 热水瓶胆和废旧灯管一样，属于有毒有害品吗？

答：不属于。专家说，热水瓶胆本身是玻璃做的，有一层很薄的水银，应该划为其他垃圾。另外，像修正液之类废物，毒性不强，也可归为其他垃圾。一般有危害性、传染性、易燃易爆的垃圾才划为有害垃圾。居民生活中产生的有毒垃圾不多，像头发上用的摩丝，里面有压力容器，易燃易爆；用剩的香水，里面的酒精成分多，易挥发，这些都可以作为有害垃圾处理。

参考文献

[1] 曾祥利. 刀工技术在烹饪的掌握和练习方法[J].科研,2017 (1) :00181 - 00182.

[2] 张妍,姜淑荣. 食品卫生与安全[M]. 北京:化学工业出版社,2010.

[3] 赵光辉,李苗云,王玉芬,谢华,赵改名. 冷却猪肉分割过程中微生物污染状况的研究[J]. 食品科学,2011,32 (7) :87 - 91.

[4] 中国营养学会. 食物与健康——科学证据共识[M]. 北京:人民卫生出版社,2016.

[5] 中国营养学会. 中国居民膳食营养素参考摄入量(2013 版) [M]. 北京:科学出版社,2014.

[6] 中华人民共和国中央人民政府网. 中华人民共和国食品安全法[S/OL].http://www.gov.cn/zhengce/2015 - 04/25/content_2853643.htm 3.

[7] 左晓斌. 食品卫生[M]. 北京:中国农业科学技术出版社,2012.

图书在版编目(CIP)数据

家务助理员：中级技能/阮美飞，陈延主编. —杭州：浙江大学出版社，2017.7

ISBN 978-7-308-17070-3

Ⅰ. ①家… Ⅱ. ①阮… ②陈… Ⅲ. ①家政服务—技术培训—教材 Ⅳ. ①TS976.7

中国版本图书馆 CIP 数据核字（2017）第 154435 号

家务助理员(中级技能)

阮美飞　陈　延　主编

责任编辑　李　晨

责任校对　杨利军　汪淑芳

封面设计　春天书装

出版发行　浙江大学出版社

（杭州市天目山路 148 号　邮政编码 310007）

（网址：http://www.zjupress.com）

排　　版　杭州林智广告有限公司

印　　刷　浙江省邮电印刷股份有限公司

开　　本　787mm×1092mm　1/16

印　　张　10.75

字　　数　240 千

版 印 次　2017 年 7 月第 1 版　2017 年 7 月第 1 次印刷

书　　号　ISBN 978-7-308-17070-3

定　　价　29.00 元

浙江大学出版社发行中心联系方式：（0571）88925591；http://zjdxcbs.tmall.com